安 全 教 育

郑冬冬　姬迎喜　徐　飚　主　编

王勇旗　贠　佳　康海轩　副主编

電子工業出版社

Publishing House of Electronics Industry

北京・BEIJING

内 容 简 介

本书是工业和信息化职业教育“十二五”规划教材之一。

本书主要讲述职业院校学生在校学习、生活期间可能遇到的安全问题及正确的预防、应对措施。全书共分 11 章，分别介绍了交通、用电、消防、体育活动、实验/实训/实习、生活、旅游、饮食、治安、应急救护、纪律法规等方面的安全知识。

本书可作为职业院校学生的教学用书。

图书在版编目（CIP）数据

安全教育 / 郑冬冬，姬迎喜，徐飚主编. —北京：电子工业出版社，2017.8

ISBN 978-7-121-31626-5

Ⅰ. ①安… Ⅱ. ①郑… ②姬… ③徐… Ⅲ. ①安全教育—职业教育—教材 Ⅳ. ①X925

中国版本图书馆 CIP 数据核字（2017）第 119331 号

策划编辑：白　楠
责任编辑：白　楠　　特约编辑：王　纲
印　　刷：涿州市京南印刷厂
装　　订：涿州市京南印刷厂
出版发行：电子工业出版社
　　　　　北京市海淀区万寿路 173 信箱　邮编　100036
开　　本：787×1 092　1/16　印张：10.5　字数：268.8 千字
版　　次：2017 年 8 月第 1 版
印　　次：2022 年 4 月第 7 次印刷
定　　价：31.50 元

凡所购买电子工业出版社图书有缺损问题，请向购买书店调换。若书店售缺，请与本社发行部联系，联系及邮购电话：（010）88254888，88258888。

质量投诉请发邮件至 zlts@phei.com.cn，盗版侵权举报请发邮件至 dbqq@phei.com.cn。

本书咨询联系方式：（010）88254592，bain@phei.com.cn。

前　言

安全是人类永恒的追求，是我们生命的保证。

随着社会的发展，未成年人遇到了越来越多的安全问题，如何有效地规避风险，减少安全事故的发生，保障未成年人的安全，让全体师生在安全、健康、快乐中学习、工作、生活，早已是学生、家长、学校及社会共同关注的重要问题。因此，编者组织编写了本书，供职业院校学生进行《安全教育》课程教学使用。

本书是工业和信息化职业教育“十二五”规划教材之一。本书主要讲述职业院校学生在校学习、生活期间可能遇到的安全问题及正确的预防、应对措施。全书通过丰富的案例，生动系统地介绍了交通、用电、消防、体育活动、实验、实训、实习、生活、旅游、饮食卫生、治安、应急救护、纪律法规等方面的安全知识。

编者希望通过本课程的学习，能使广大职业院校学生树立正确的安全意识，了解相关的安全知识，增强自我保护意识，提高解决问题的能力，能够平安、健康、快乐地学习、生活、工作。

由于编者知识水平有限，加之编写时间仓促，书中难免存在缺点和错误之处，敬请读者批评和指正。另外，编者在编写过程中吸收和借鉴了同类教材和书籍的精华，在此谨向原作者表示衷心感谢！

编　者

目 录

01

第一章 交通安全

本章寄语　交通安全，至关重要

当前，随着改革开放的进一步深入和市场经济的迅猛发展，我国交通运输事业正在发生着日新月异的巨大变化，不仅公路、铁路、水路和航空等各种交通运输网络纵横交错、四通八达、遍及全国，而且自行车、摩托车、汽车、火车、飞机、轮船等各种现代化交通工具亦与日俱增、广泛使用、川流不息。特别是随着人们时间观念、效率观念、竞争观念、效益观念和享受观念的不断增强，以及工作节奏、学习节奏和生活节奏的日益加快，我国交通运输事业呈现出了“百舸争流”的繁荣景象。这在很大程度上密切了人们与各种现代化交通工具之间的“关系”，方便了人们的工作、学习和生活，同时也促进了社会的进步与发展。

然而，在现实生活中，由于种种原因，各种交通事故在全国各地时有发生，轻则导致财产损失，重则造成人身伤亡！由此给当事者个人及其家庭、单位和国家造成的不幸和损失，不可想象。

谁都渴望如诗如画的宝贵年华，谁都向往丰富多彩的绚丽人生，谁都希望拥有一个幸福而又美满的家庭，谁都希望每天都能高高兴兴地工作、学习和生活，谁都希望每次都能快快乐乐、平平安安地外出和旅行，然而这一切又都与“安全”二字有关。可以说，没有“安全”，就没有一切！

在车水马龙的大街上，车辆如梭的公路上，以及日夜穿行的火车上、飞机上和轮船上，君不见有多少交通事故、多少遗憾，都是发生在一眨眼、一松手、一愣神、一打盹、一低头、一转脸、一不留神或一不注意的瞬息之间。所以，人们在享受各种现代化交通运输工具所提供的快捷、便利服务的同时，也在品尝着交通工具这个“猛虎”带来的种种苦涩。

由于一些人不遵守交通法规，天地间有多少美好的情缘被无情的车轮所斩断！由于一些人违章驾驶，又有多少无辜的生命枉死九泉！

车祸，残酷、无情的车祸！伤亡，痛苦、悲哀的伤亡！它们留给人们的总是刻骨的痛苦、惨重的代价、永久的遗憾和深深的思索。

据统计，近百年来，全世界死于车祸的人数已达4000多万人，并且现在每年仍以超过40万人的速度递增；建国以来，我国仅道路交通事故就已发生了500多万起，死亡人数多达100余万人，青年学生占到10%~20%，直接经济损失高达100多亿元！这是多么可怕而又巨大的现实数字，这是多么令人痛心而又十分惨重的代价！这些受害者的鲜血，这些无辜者的生命，这些惨重的代价，对每一个人、每一个家庭、每一所学校、每一个单位、每一个行业、每一个部门乃至全社会和全世界，都鸣起了警号、敲响了警钟——“交通安全，人人有责；从我做起，身体力行!”

“黄金有价，生命无价”。世界上最宝贵的就是人的生命，没有生命便没有一切。这是人生的哲理，也是众所周知、老幼皆晓的简单道理。作为我国各类职业院校的青年学生，更应当懂得生命的价值和存在的意义，更应当倍加珍惜自己的身体和生命！

亲爱的同学们，你们是早晨八九点钟的太阳，希望寄托在你们的身上！你们是家长的寄托，你们是祖国的希望！你们要刻苦学习、努力钻研、锐意进取，你们要独立生活、自我约束、健康成长！你们理想崇高、目标远大、追求执着，你们学习勤奋、生活艰苦、心地善良！你们活泼好动、思想单纯，你们经验不足、涉世未深！你们是时代的骄子，你们道路光明、前程似锦、任重道远！你们将要报效祖国，你们将要成为国家的栋梁！你们将要为国家创造财富，你们将会为实现中华民族的伟大复兴而创造辉煌！因此，你们在校学习与生活的每一天、每一周、每一月、每一学期和每一学年，都牵动着从上到下各级领导、教师和教职工，以及家中父母和其他亲人的心！

人人都要具有良好的社会公德和交通安全意识，时刻把交通安全问题铭记在心，自觉养成良好的交通行为习惯，认真遵守各种交通法规！人人都要争做交通文明的使者！人人都要争做交通安全的典范！

本章主要介绍公路、铁路、水路和航空等方面的交通安全基本知识，以便让全国各地各类职业院校中的每一位学生在其将来的学习、工作和生活中，都能够自觉地遵守交通安全法规。本章最后还将介绍“交通安全警示语100条”。这些警示语几乎涵盖了交通安全的方方面面，可以说句句语意深刻、条条意味深长，对人们的警示和启发作用很大。

亲爱的同学们，当你开学返校或放假回家时，当你走在上学或放学的路上时，当你外出办事或旅游、购物时，当你出门散步、游玩或自由活动时，当你外出进行实验、实习或参加社会实践活动时，当你骑车、乘车、乘船、乘飞机时，为了你的安全和幸福，为了他人的安全和幸福，请你一定要走好自己脚下的每一步路，自觉遵守各种交通法规，切实关爱自己的生命，坚决预防和杜绝各种交通事故的发生！

希望本章所介绍的各种知识，能对全国各地各类职业院校的每一位学生在交通安全方面都有所帮助！

交通安全案例

案例 1-1 乱穿马路手骨折

2001 年 7 月 3 日，广东省××职业高级中学男生王××上街购买衣服，由于没有在人行横道上按照交通规则要求行走而乱穿马路，结果被一辆急速行驶的摩托车撞倒，致使其右手骨折、膝盖流血、面部创伤。

案例 1-2 哼歌骑车太危险

2001 年 6 月 27 日，天津市××大学 2000 级公共关系专业的女生赵××骑自行车外出购物游玩，由于携带“随身听”并哼着歌曲而注意力分散，结果在一交叉路口处与一辆出租车相撞，致使该女生右臂骨折、左腿扭伤、面部流血。

案例 1-3 女大学生骑车被抢，横穿马路追贼身亡

2001 年 10 月 13 日晚，21 岁的北京××大学四年级女生任××在上完考研辅导班后独自一人骑自行车返回学校。当她骑车路过白石新桥时，放在车筐中的书包被人抢走，于是她急忙下车追赶盗贼。任××飞跑横穿马路追贼时，不幸被一辆正常行驶的红色本田轿车撞死在距对面人行道仅两步的地方。警方在任××被撞不远处发现了她的书包，包内手机已被盗贼拿走，她的自行车停在桥上。警方鉴定，汽车驾驶员没有责任。

案例 1-4 与火车抢道实不该

1998 年 9 月 19 日中午，山东省××市职业中专学校放学，当 5 名学生走到铁路道口时，道口栏杆已经关闭，喇叭正在发出报警信号，道口信号灯也正显示红灯，可是这 5 名学生硬是钻过道口栏杆而抢穿铁路。这时，火车呼啸而至，结果造成 1 名学生当场死亡、3 名学生严重受伤。

案例 1-5 骑车闯红灯，理该受处罚

2001 年的一天早上，湖南省××学校男生徐××骑自行车从家中去学校上课，途经一个十字路口时闯红灯，被一执勤交警制止。徐××不仅没有向交警同志解释、致歉，反而还与其争执起来。结果，徐××的自行车被交警扣留，且罚其在该路口执勤一上午，然后才放行。

案例 1-6 中巴超载落水库，30 名师生死水中

1999 年 5 月 5 日上午，浙江省××学校 2 名教师护送 43 名学生乘个体户的中巴车前

往××参观学习。由于严重超载，当中巴车行至金源乡井河村长厅岭龙田口路段时，该车翻入落差为50多米的长厅水库中，导致32人死亡。其中，有29名学生和1名教师。

案例1–7 烟台“大舜”号轮船遇难，震惊国内外

1999年11月24日下午，山东烟台大轮船轮渡有限公司“大舜”号滚装船从烟台开往大连，因海上风浪太大而途中返回。16时30分，发现船上二层夹板有烟雾，请求救援，于是烟台救捞局、烟大公司、烟台港务局轮泊公司相继派船救助，但是终因风浪太大而无法靠近；20时15分，“大舜”号主船失灵，开始漂浮；22时30分，救援船分次带缆均未成功，“大舜”号随风漂流至牟平姜各庄附近海域，火势蔓延至三层甲板；23时45分，“大舜”号与陆上失去联系，后确认已搁浅倾斜，船上人员全部落水。该船售票268张，检票上船262人，船员40人，除22人被抢救生还外，其他人员全部遇难。

交通安全知识

1. 交通信号分为哪几种？

交通信号分为5种：指挥灯信号、车道灯信号、人行横道灯信号、交通指挥棒信号和手势信号。各种车辆和行人，都必须遵守交通信号的各种具体规定。这里的“车辆”，包括机动车和非机动车两大类。其中，机动车包括各种汽车、电车、电瓶车、摩托车、拖拉机、轮式专用机械车等，非机动车包括各种自行车、三轮车、人力车、畜力车和残疾人专用车等。

2. 指挥灯信号分为哪几种？各表示什么意思？

指挥灯信号分为5种：绿灯亮、黄灯亮、红灯亮、绿色箭头灯亮和黄灯闪烁。

（1）绿灯亮：表示准许车辆、行人通行，但转弯的车辆不准妨碍直行的车辆和被放行的行人通行。

（2）黄灯亮：表示不准车辆、行人通行，但已越过停止线的车辆和已进入人行横道的行人，可以继续通行。

（3）红灯亮：表示不准车辆、行人通行。

（4）绿色箭头灯亮：表示准许车辆按箭头所示方向通行。

（5）黄灯闪烁：表示车辆、行人须在确保安全的原则下通行。

右转弯的车辆和T形路口右边无横道的直行车辆，遇有上述（2）、（3）规定时，在不妨碍被放行的车辆和行人通行的情况下，可以通行。

另外，上述（1）、（2）规定，亦适用于列队行走和赶、骑牲畜的人员。

3. 车道灯信号分为哪几种？各表示什么意思？

车道灯信号分为两种：绿色箭头灯亮和红色叉形灯亮。

（1）绿色箭头灯亮：表示本车道准许车辆通行。

（2）红色叉形灯亮：表示本车道不准车辆通行。

4. 人行横道灯信号分为哪几种？各表示什么意思？

人行横道灯信号分为3种：绿灯亮、绿灯闪烁和红灯亮。

（1）绿灯亮：表示准许行人通过人行横道。

（2）绿灯闪烁：表示不准行人进入人行横道，但已进入人行横道的，可以继续通行。

（3）红灯亮：表示不准行人进入人行横道。

5. 交通指挥棒信号分为哪几种？各表示什么意思？

交通指挥棒信号分为3种：直行信号、左转弯信号和停止信号。

（1）直行信号：右手持棒举臂向右平伸，然后向左曲臂放一下，表示准许左右两方直行的车辆通行；各方右转弯的车辆在不妨碍被放行的车辆通行的情况下，可以通行。

（2）左转弯信号：右手持棒举臂向前平伸，表示准许左方的左转弯和直行的车辆通行；左臂同时向右前方摆动时，表示准许车辆左小转弯；各方右转弯的车辆和T形路口右边无横道的直行车辆，在不妨碍放行的车辆通行的情况下，可以通行。

（3）停止信号：右手持棒曲臂向上直伸，表示不准车辆通行，但已越过停止线的，可以继续通行。

6. 手势信号分为哪几种？各表示什么意思？

手势信号分为3种：直行信号、左转弯信号和停止信号。

（1）直行信号：右臂（左臂）向右（向左）平伸，手掌向前，表示准许左右两方直行的车辆通行；各方右转弯的车辆在不妨碍被放行的车辆通行的情况下，可以通行。

（2）左转弯信号：右臂向前平伸，手掌向前，表示准许左方的左转弯和直行的车辆通行；左臂同时向右前方摆动时，表示准许车辆左小转弯；各方右转弯的车辆和T形路口右边无横道的直行车辆，在不妨碍被放行的车辆通行的情况下，可以通行。

（3）停止信号：左臂向上直伸，手掌向前，表示不准前方车辆通行；右臂同时向左前方摆动时，车辆必须靠边停车。

7. 行人在道路上必须遵守哪些交通规则？

（1）须遵守交通信号、交通标志和交通标线的各种规定。

（2）须在右边的人行道内走，不要走到自行车道或机动车道上去；没有人行道的，则要在靠右行人的路边行走。

（3）需要在车行道借道通行时，应当让在车行道内行驶的车辆优先通过。

（4）横过车行道时，须走人行横道，不能随意乱穿马路。通过有交通信号控制的人行横道时，须遵守信号灯警示；通过没有交通信号控制的人行横道时，须注意过往车辆，不准追逐、猛跑。没有人行横道的，须直行通过，不准在车辆临近时突然横穿。有人行过街天桥或地道的，须走人行过街天桥或地道。

（5）列队行走时，每横列不准超过2人。儿童的队列须在人行道上行进，成年人的列队可以紧靠车行道右边行进。列队横过车行道时，须从人行横道迅速通过；没有人行横道的，须直行通过；长列队伍在必要时，可以暂时中断通过。

（6）不准在道路上扒车、追车、强行拦车或抛物击车。

（7）不准穿越、倚坐人行道、车行道和铁道道口的护栏；不得在桥梁、隧道和人行天桥上躺卧休息和摆摊设点。

（8）学龄前儿童在道路上行走，须有成年人带领；未满 12 岁的少年儿童，不准乘坐二轮或侧三轮摩托车后座。轻便摩托车不准载人。

（9）不得进入高速公路。

（10）通过铁路道口时，必须遵守有关规定。

8. 学生在路上行走时，应该注意哪些安全问题？

学生在路上行走时，除了要遵守前已述及的行人在道路上必须遵守的有关交通规则外，还应该注意下列安全问题。

（1）必须遵守交通信号、交通标志和交通标线的各种规定。

（2）要自觉遵守交通法规，时刻注意交通安全。

（3）尽量不要单独外出，最好结伴而行；不要独自一人在偏远僻静的城乡胡同、林间小道或山间小路上行走；不要为陌生人带路，不要搭陌生人的车，尤其是女生更应当加以注意。

（4）不要向别人炫耀自己随身携带的贵重物品和现金，不要轻信别人的花言巧语，谨防上当受骗或遭抢劫。

（5）当遇到打架斗殴、出现事故或围观人数较多时，不要因为好奇而留步观看。

（6）走路时要讲究社会公德，不乱扔果皮、纸屑和脏物，不随地吐痰，不乱扔烟头。

（7）不要盛气凌人，惹是生非；不要好打抱不平，多管闲事。

（8）学生与行人之间要相互礼让。遇有年长者、老弱病残者、负重者、孕妇或儿童等行走困难的人，要让他们先行或绕开另行。特别是在“狭路相逢”时，更要注意这一点，不能以强凌弱，抢道行走，否则将会带来麻烦或产生不良后果。

（9）走到人群特别拥挤的地方时，要有秩序地通过。既不要撞别人或踩别人的脚，也不要让别人撞自己或踩自己的脚。若不注意撞了别人或踩了别人的脚，要主动向对方道歉，承认错误，取得其谅解。若别人踩了自己的脚或碰掉了自己所带物品，千万不要发火，更不要大声斥责对方或口出怨言，而应当和气地对其说：“请您慢一点，不要太着急。”这样，既显得有礼貌、有涵养，又能避免激化矛盾，减少争吵或打闹等不愉快、不安全的事情发生。

（10）走路时精力要集中，目光要自然，不要东张西望、左顾右盼；同时，还要注意自己所带的钱包或物品，以防丢失或被小偷偷走、抢走等不安全的事情发生，在人群拥挤处更应该注意这一点。

（11）不要一边走路，一边吃东西或打闹玩耍。这样既不卫生，又不雅观，还不安全。若确实饥饿而需要吃点东西，可以在路边找个适当的地方，待吃完后再走。

（12）走路时不要吸烟。一边走路，一边吸烟，是一个很不好的习惯。这样，很容易烫伤别人的身体或烫坏别人的衣服，轻则要向对方赔礼道歉或赔偿损失，重则还会引发争吵或打闹等不愉快、不安全的事情发生。

（13）在问路时要注意道路上的过往车辆，要向有关人员礼貌询问并予答谢。

（14）不准在街道和公路上学骑自行车、摩托车或游戏、打闹、坐卧和睡觉等。

（15）在夜间走路时，要提高警惕，谨防各种意外事故的发生。

（16）若发生交通事故，要及时拨打“122”电话报警；若发生其他事故，则要及时拨打“110”电话报警。

9．学生在夜间走路时，应该注意什么问题？

学生在夜间走路时，需要特别小心、格外注意，谨防各种意外事故的发生。

（1）要看清道路，注意行人和障碍物，谨防自己不慎被绊倒、跌倒、滑倒、摔倒、碰伤、扭伤或碰撞别人。特别是单人行走时，更要注意这一点。

（2）要注意过往车辆，谨防发生车祸。特别是在十字路口，更要注意这一点。

（3）要注意前后左右的行人和车辆，谨防遭到坏人的拦截或抢劫。特别是女生，更要注意这一点。

10．骑自行车、三轮车必须遵守哪些交通规定？

（1）自行车、三轮车必须到车辆管理机关注册和进行年检验证，领取号牌、行驶证后，方准行驶。号牌须按指定位置安装，且要保持清晰。号牌和行驶证不准转借、涂改和伪造。

（2）自行车、三轮车的车闸、车铃，必须保持有效；自行车、三轮车不准安装机械动力装置。

（3）须遵守交通信号、交通标志和交通标线的各种规定。

（4）车辆、行人须各行其道，自行车、三轮车要在非机动车道上行驶。当须要借机动车道或人行道通行时，应当让在机动车道内行驶的机动车辆或人行道内行走的行人优先通行。在没有划分中心线和机动车道与非机动车道的道路上，机动车在中间行驶，自行车、三轮车则要靠右边行驶，但不能紧靠右边的行人。

（5）醉酒的人不准驾驶自行车、三轮车。

（6）未满 12 岁的儿童，不准在道路上骑自行车、三轮车和推、拉人力车。

（7）转弯前须减速慢行，向后了望，伸手示意，不准突然猛拐。

（8）超越前车时，不准妨碍被超车辆的行驶。

（9）通过陡坡、横穿四条以上机动车道或途中车闸失效时，须下车推行。下车前须伸手上下摆动示意，不准妨碍后面车辆行驶。

（10）不准双手离把、攀扶其他车辆或手中持物。

（11）不准牵引车辆或被其他车辆牵引。

（12）不准扶身并行、互相追逐或曲折竞驶。

（13）大中城市市区不准骑自行车带人。

（14）驾驶三轮车不准并行。

（15）自行车、三轮车行经人行横道，遇有交通信号允许行人通过时，必须停车或减速让行；通过没有信号控制的人行横道时，必须注意避让来往行人。

（16）自行车、三轮车行经渡口时，必须服从渡口管理人员指挥，按指定地点依次待渡。

（17）自行车、三轮车行经漫水路或漫水桥时，必须停车察明水情，确认安全后，再低速通过。

（18）自行车、三轮车行经铁路道口时，必须遵守有关规定。

11．骑自行车、三轮车通过交通信号、交通标志控制的交叉路口时，必须遵守哪些交通规定？

（1）在划有导向车道的路口，须按行进方向分道行驶。

（2）遇到放行信号时，须让先被放行的车辆或行人行驶。

（3）向右转弯遇有放行信号时，自行车、三轮车在非机动车道内能够转弯的，可以通行。

（4）遇有行进方向的路口交通阻塞时，自行车、三轮车不准进入路口。

（5）遇有停车信号时，须依次停在停止线以内；没有停止线的，则应停在路口以外。

12．骑自行车、三轮车通过没有交通信号或交通标志控制的路口时，必须遵守哪些交通规定？

（1）支路车要让干路车先行。

（2）支、干路不分的，自行车、三轮车要让机动车先行，同类车让右边没有来车的车先行。

（3）相对方向同类车相遇，左转弯的车要让直行或右转弯的车先行。

（4）进入环形路口的车要让已在路口内的车先行。

13．学生在骑自行车时，应该注意哪些安全问题？

学生骑自行车时，除了要遵守前已述及的“骑自行车、三轮车必须遵守的交通规定”外，还应当注意下列安全问题。

（1）要自觉遵守交通法规，时刻注意交通安全。

（2）要尊重行人，不准倚仗自己的车技高明而在人丛中横冲直撞，以免撞伤别人或摔伤自己；不要在行人背后突然按铃，让别人吓一大跳，这样会激化矛盾，造成争吵或打闹；车过道口时，自行车要主动礼让行人和机动车。有些老年人动作迟缓，对其要给予谅解和帮助，不要无礼抢行。

（3）不要一边骑车，一边吸烟，这样很容易发生交通事故，同时也有损自己的形象。

（4）假如，骑车时一不小心撞了别人，首先要立即下车向对方主动道歉、承认错误。如果对方已被撞倒，则要赶快搀扶起来；如致伤害，则应立即送往医院就医，必要时还要尽快通知伤者的家属或其工作单位。撞倒别人或致伤别人，如果不负责任甚至溜走，则属于违法、犯罪行为。

（5）骑车进入学校、企业、事业单位或住宅区的大门时，要下车推行，并且办理好进门登记手续后再行，不能旁若无人长驱直入。这样会被门卫人员训斥或滞留，同时也显得自己没有礼貌、不讲文明。有些城市的街道、胡同、弄堂非常狭窄，为了交通安全和表示对当地居民的尊重，也应下车推行。

（6）学生在校园内骑车时，既要注意安全，又要注意礼貌。

14．学生在校园内骑车时，应该注意什么问题？

（1）原则上要推行，在路上没有行人或行人较少时可骑行。

（2）骑车时，当遇到学校领导、老师、熟人和同学时，须下车推行，并向其致意问候。

（3）在上课前、下课后，早饭、午饭、晚饭开饭期间，课外活动期间，重大集会时，放学后等情况下，由于路上行走和活动的师生较多，故不准上车骑行，只能推行。

（4）在草坪上、花园中，不准自行车入内。

（5）停车时，要将自行车及时锁好，谨防丢失。

（6）若借用同学或老师的自行车，则要对车倍加爱护；用完后，要及时将车送还主人，并对其深致谢意。

（7）要把自行车停放在学校规定的地点或车棚内，并且上锁后排放整齐，不准在校内到处乱停、乱放。

（8）要经常检查自行车的车闸、车铃是否完好，轮胎是否有气；发现问题，要及时进行修理或更换。

15．学生在夜间骑车时，应该注意什么问题？

学生在夜间骑车时，应该提高警惕、格外小心，谨防各种意外事故的发生。

（1）要慢速行驶，注意安全。

（2）要留心观察，多走好路，谨防摔倒。特别是在遇到行人、车辆较多或路面凹凸不平时，要下车推行。

（3）要注意路上的行人和过往的车辆。特别是在遇到对方驶来的机动车辆时，由于其灯光较强，须下车推行。

（4）要防止碰撞别的行人或车辆，同时还要防止自行车被别的行人或车辆碰撞。

（5）要注意周围的行人和车辆，谨防被坏人拦截或抢劫。

16．自行车、三轮车应当怎样停放？

（1）自行车、三轮车必须在规定的停车地点依次存放。

（2）不准在人行道和妨碍交通的地点乱停、乱放。

（3）自行车、三轮车停放后，必须及时上锁。

17．哪些车、船不应乘坐？

（1）无牌、无证的车、船。

（2）已超载的车、船。

（3）人货混载的货运车、船。

（4）车况不良（制动器、转向器、车门、喇叭等设备不全或机件失灵）的车、船。

（5）驾驶员酗酒、过度疲劳或载有酒醉、精神失常无人护送的乘客的车、船。

（6）冒险行驶的车、船。

（7）在禁行时间内的道路（航线）上行驶的车、船。

18．乘车人必须遵守哪些规定？

（1）乘坐城市公交车或长途汽车时，须在站台或指定地点依次候车，待车停稳后，先下后上；在道路上搭乘机动车辆，应从车身右侧上下车；不得强行上下车或者攀扶行驶中的车辆。

（2）不准在车行道上招呼出租汽车。

（3）不准携带易燃、易爆等危险物品乘坐公共汽车、电车、出租汽车和长途汽车。

（4）机动车行驶中，不准将身体任何部分伸出车外，不准跳车。

（5）乘坐货运机动车时，不准站立，不准坐在车辆栏板上。

（6）在车辆行驶中，不得与驾驶员闲谈或者有妨害驾驶员安全操作的行为。

（7）车辆在高速公路行驶中，乘车人不准站立，不准向车外抛弃物品，前排乘车人应系安全带；货运机动车除驾驶室外，其他任何部位都不准载人。

（8）在高速公路上，车辆因故障不能离开行车道或者发生交通事故时，乘车人必须迅速转移到右侧路肩上。除执行任务的交通警察外，禁止任何人在高速公路上拦截车辆。

19. 发生交通事故时，应当怎样报警？

发生了交通意外事故，应想办法赶紧报警，或向旁人求助帮忙报警。交通事故报警的程序如下。

（1）拨通交通事故报警电话“122”。

（2）说明交通事故发生地的准确地址和事故性质。

（3）说明受伤程度。

（4）说清肇事车的车牌号码、车型和颜色。

20. 学生乘坐出租车时，需要注意哪些安全问题？

（1）为了节省花钱，学生应尽量不坐或少坐出租车。

（2）要考虑好到达地点，尽量选择最短的乘车路线。

（3）要选择车况较好、服务较好的出租车，最好选择带有“优质服务”标志的出租车。

（4）乘车前要目测司机的好坏，自己印象不好者不要乘坐。

（5）最好选择女司机驾驶的出租车。因为女性通常都比较善良，往往不会宰客。

（6）一般不要乘坐停放在车站、码头门前等客的出租车，也不要乘坐车上已经载人的出租车。

（7）要记住出租车的车型、颜色、车牌号码与出租公司名称和监督电话，以及驾驶员的大致年龄、五官相貌和衣着特征等主要标志，以便发生问题及时投诉或报警。

（8）为了安全，最好坐在车的后面。若坐前面，则要系好安全带。与司机讲话时最好用普通话，但是不宜过多。

（9）上车后要让司机开启“计程表”，并按自己选择的路线行车。若自己选择的路线禁止通行或出现堵车现象，则要让司机改为最短的路线行驶。

（10）下车后，要把自己的钱包、贵重物品和行李物品等带好，千万不要遗忘在出租车上，以免造成不必要的麻烦或损失。

21. 出租车出现宰客现象或者把自己的东西遗忘在出租车上时怎么办？

学生在乘坐出租车时，若发生宰客现象或者把自己的钱包、贵重物品和行李物品等遗忘在出租车上，则要及时向出租车管理部门投诉或向公安“110”等部门报警，由其帮助解决。

在投诉或报警时，要讲清自己上下车的时间、地点，出租车的车型、颜色和车牌号，驾驶员的年龄、性别、五官相貌和衣着特征等。此外，还要留下自己的学校名称、班级、姓名和联系电话、联系人等，以便及时与自己联系。

22. 铁路交通安全主要包括哪些方面?

（1）严禁在铁路上行走、乘凉、坐卧。

（2）严禁在站内或区间内铁路上逗留、游逛、穿越和捡拾煤渣等杂物。

（3）严禁钻车、扒车、跳车和无票乘车。

（4）严禁一切车辆、行人抢越铁路道口。

23. 行人、骑自行车者、骑三轮车者通过铁路道口时须遵守哪些规定?

（1）不论铁路道口有无信号机或看守人员，都必须做到“一停”（止步）、“二看”（了望两端有无列车驶来）、“三通过”（确认两端无列车开来时方准通行）。

（2）在铁路道口、人行过道及平过道外，当发现或听到有火车开进时，要立即躲到距铁路钢轨 2 米以外处，严禁停留在铁路上，严禁强行越过铁路。

（3）必须听从道口看守人员和道口安全管理人员的指挥。

（4）凡遇道口栏杆关闭，音响器发出报警，道口信号显示红色灯光，或道口看守人员示意火车即将通过而停止行进时，严禁强行，必须依次停在停止线以外；没有停止线的，则应停在距最外股钢轨 5 米以外处；不得影响道口栏杆的关闭，不得撞、钻、爬越道口栏杆。

（5）遇有道口信号两个红灯交替闪烁或红灯亮时，不准通过；白灯亮时，准许通过；红灯和白灯同时熄灭时，准许通过。

（6）通过电气化铁路道口时，行人手持高长物件、皮鞭，不准高举。

（7）铁路桥梁和铁路隧道禁止一切行人、车辆通过。

24. 火车发生意外时，应当怎样自防、自救?

一般来说，火车在发生意外事故前，通常并没有什么特别明显的迹象。不过，事发前的瞬间，旅客总还是能够觉察到一些异常现象（紧急刹车等）的。这时，应充分利用出事前短短几分钟或几秒钟的时间，使自己的身体处于较为安全的姿势，而且还要采取一切自防、自救措施。这些措施主要包括以下几项。

（1）离开门窗或趴下来，抓住牢固的物体，以防身体的碰撞或被抛出车厢。

（2）身体要紧靠在牢固的物体上，低下头，下巴紧贴胸前，以防头部受伤。

（3）若座位不靠门窗，就应留在原位，要紧抓固定物，保持身体重心稳定；若座位接近门窗，则应尽快离开。

（4）当火车出轨向前时，不要尝试跳车；否则，身体将会以全部冲力撞向路轨，甚至还可能会发生其他危险，如碰到通电流的路轨、飞脱的零件，或掉到火车蓄电池破裂而出的残液上等。

（5）火车发生事故后，要看清周围环境如何。如果环境允许，则要在原地不动，等待救援人员的到来。此外，无论怎样，都要呼救，要想方设法尽快将遇险的信息传递出去。

25. 学生在乘车时，应当怎样选择交通工具?

学生在乘坐市内公共汽车、出租车、电车、地铁和长途汽车、火车时，需要从自己的经济状况、外出的急缓和安全因素等方面综合考虑，从中选择最佳的交通工具。

（1）乘坐火车的安全系数，要比乘坐汽车的安全系数大。所以，若能乘坐火车，最好不要乘坐汽车。

（2）汽车站、运输公司等国有企业、集体企业开往各地的公共汽车的安全系数，要比个体户开往各地的公共汽车的安全系数大。所以，若能乘坐国有企业、集体企业的公共汽车，最好不要乘坐个体户的公共汽车。

（3）若能乘坐始发站的公共汽车，最好不要乘坐中途过往的公共汽车。

（4）若能乘坐新车或好车，最好不要乘坐旧车或一般化的车。

（5）若能乘坐快车或直达的车，最好不要乘坐慢车或途经多站都停的车。

（6）若能乘坐地铁，最好不要乘坐市内公交车和出租车。

（7）若能乘坐市内公交车，最好不要乘坐出租车。

26. 学生在乘坐公交车时须注意什么问题？

（1）准备好零钱，上车后要买票，并把车票保管好。

（2）进入车厢后要尽快向里走，有座就要坐下，无座则要找好位置站好，并用右手抓紧栏杆或扶手，以防停车或紧急刹车时不慎摔倒或碰到别人。

（3）要留心和注意自己的钱包、贵重物品和随身携带的行李物品，谨防丢失或被盗。

（4）若自己一不小心碰撞了别人或踩了别人的脚，则要立即向对方道歉、解释，请其谅解；若自己被别人碰撞或被别人踩了自己的脚，千万不要发火或斥责对方，以免激化矛盾，造成争吵或打闹等不愉快、不安全的事情发生。

（5）下车时，不要匆忙，要把自己的钱包、贵重物品和随身携带的行李物品带好，千万不要遗忘在车上，以免造成不必要的麻烦或损失。

27. 学生在乘坐长途汽车、火车时须注意什么问题？

（1）进入车站后，首先要看清开车时刻表，选准拟乘车次和时间，千万别乘错了车。

（2）把购票钱（最好是零钱）准备好，然后依次排队购票。在购票时，一方面要用普通话向售票员说清所乘车次、开车时间和达到地点；另一方面，还要注意自己的钱包、贵重物品和随身携带的行李物品等，谨防丢失或被盗。此外，还要注意不要购买票贩子的车票，谨防上当受骗。

（3）买票后，要到车站规定的位置就坐等候或排队检票。

（4）检票后，要把车票妥善保管好，依次排队上车，千万别上错了车。

（5）上车后，要对号入座，并把自己的行李物品放在头上方的行李架上，贵重物品要妥善保管。

（6）在行车途中，要保持警惕，不要随便与人交谈，以防被小偷或坏人了解自己的身份、阅历和行踪等情况而伺机作案。

（7）中途停车时，要看管好自己的钱包、贵重物品和随身携带的行李物品。

（8）达到终点站后，既要把车票准备好，又要把自己的钱包、贵重物品和随身携带的行李物品等带好，千万不要遗忘在车上，以免造成不必要的麻烦或损失。

28. 学生在车上遇到歹徒时怎么办？

学生在乘坐市内公共汽车、电车、地铁、长途汽车和火车时，如果遭到歹徒袭击，则要注意下列问题。

（1）不要害怕，要镇定自若，多想对策。

（2）要用脚、腿等身体部位故意碰撞周围的乘客，以便使其尽快发现歹徒，帮自己解围。

（3）若能逃离歹徒，则要逃离，逃离后要大声呼救。

（4）当歹徒逼近时，要设法与其周旋，尽量麻痹对方。

（5）若能制服对方，则要一招拿下；若不能制服对方，则要注意保护自己的身体和生命，不可感情用事，以命相拼。

（6）要记住歹徒的性别、年龄、五官相貌和衣着特征，及时向有关人员和部门报案。

29. 集体乘船时应该注意哪些安全事项？

（1）不乘坐无牌、无证的船舶。

（2）不乘坐客船、客渡船以外的船舶。客船、客渡船必须标有船名牌，画有载重线，并在明显位置标有本船载客定额数。

（3）不乘坐超载船舶和人货混装的船舶。

（4）不乘坐冒险航行的船舶。当遇到大风大雨、洪水、浓雾等不良天气时，严禁冒险航行；乡镇运输船舶和渡船，以及设备简陋、技术状况不良的船舶，严禁乘坐。

（5）要有老师带队，要听从老师及船上工作人员的指挥，维护好船上的秩序。

（6）上下船要排队，不要拥挤，不得争先恐后上船；在船上要坐稳，不得打闹、走动。

30. 如何急救从船上落水的人？

（1）向落水人递上船桨或结实的绳子。

（2）向落水人投抛救生圈或其他能够助浮的物品。

（3）划小船靠近落水者。

（4）别无他法时，会游泳的人可携带助浮物前去救助。

31. 海上遇险如何求生？

（1）遇险者首先要有坚强的意志和克服困难的决心，坚信自己一定能够走出绝境。只有这样，才能激发无穷的智慧和力量，克服重重困难。

（2）配合船上工作人员迅速发出呼救信号，请求救援，不放过任何呼救机会。

（3）在海水中漂流或乘救生器材漂流时，要利用一切可能利用的坐标（如太阳、星星、月亮等）辨清方向，稳定情绪，迅速离开遇险船只。

（4）要正确使用救生装备，在水中要减少活动、保持体力、等待救助，要尽量避免头颈浸入水里。

（5）千万不要喝海水。饮用海水，会使体内失水更快，更感口渴。严重时会出现腹胀、幻觉、神志昏迷、精神错乱等症状。

（6）在求生的过程中，要尽量节省食物。在没有充足的淡水供应时，更应注意少进食或尽可能不进食，以免大量消耗体内水分。

（7）谨防鲨鱼、海蛇等动物咬伤；谨防身体被撞伤、划破而流血，因为凶猛的水中动物大多会闻到血腥味而赶来。

（8）要尽可能向岛屿、陆地游去，并且注意保护身体，不断向过往船只发出求救信号。

32. 乘坐飞机时发生紧急情况应当怎样处理？

乘坐飞机时，容易发生危险的时间是起飞后和降落前的几分钟。这时，要系好安全带，仔细聆听乘务员讲解应付紧急事故的基本常识。同时，还要注意下列问题。

（1）要留意靠近自己座位的太平门，并了解其开启方法。万一飞机失事，以便能在浓烟中找到出口，打开太平门。

（2）取下眼镜、假牙，脱下高跟鞋，取出口袋里的尖锐物品（如钢笔等），以防碰撞伤害身体。

（3）如机舱内有浓雾，则要用毛巾（最好是湿的）掩住鼻子和嘴；走向太平门时，应尽可能俯屈身体，贴近舱底。

（4）机舱门打开后，充气救生梯会自行膨胀，跳到梯上后要用坐姿滑到地面。

（5）滑到地面后，要尽可能快速远离飞机，不要再返回飞机上拿取行李。

（6）如果自己或别人受伤，则应立即通知乘务员急救，因为他们均受过急救训练。等待救援时，要设法与其他乘客交谈，相互鼓励，坚定求生意志。

交通安全警示语 100 条

1. 行万里平安路，做百年长寿人
2. 酒后驾车，拿命赌博
3. 但愿人长久，千里路畅通
4. 路无规不畅，国无法不宁
5. 人生美好，步步小心
6. 超载超速，危机四伏
7. 处罚违章不留情，看似无情却有情
8. 狭路相逢“让”者胜
9. 爱妻爱子爱家庭，无视交规等于零
10. 乱穿马路，失道无助
11. 一秒钟车祸，一辈子痛苦
12. 遵守交规，保障安全
13. 礼让礼让，人车无恙
14. 高速公路，行驶适速
15. 心无交规，路有坎坷
16. 遵守交通法规，关爱生命旅程
17. 实线虚线斑马线，都是生命安全线
18. 路为国脉，法系民魂
19. 出了车祸速报警，救死扶伤现真情
20. 常亮心头红绿灯，安全行驶伴人生
21. 生命只有一次，平安日子真好
22. 礼让三先，路畅民安

23. 宁绕百步远，不走一步险
24. 千里之行，慎于足下
25. 谨慎驾驶千趟少，大意行车一回多
26. 一人出车全家念，一人平安全家福
27. 人病不上车，车病不上路
28. 同为行车人，相见礼为先
29. 虽为坦途，超速者戒；纵有捷径，乱穿者止
30. 居安思危危自小，有备无患患可除
31. 违章超载，得不偿失
32. 减速慢行勿争先，关照生命到永远
33. 国法如山，逃逸必捉
34. 遵章观念强，安全系数大
35. 三双筷子三只碗，爱妻娇女盼团圆
36. 十次肇事九次快，摩托车族当自爱
37. 醉（罪）在酒中，毁（悔）在杯中
38. 酒后驾车，生命打折
39. 有酒无舵，早晚闯祸
40. 大路朝天，请走右边
41. 道路连着你我他，安全系着千万家
42. 祸起瞬间，防患未然
43. 守交规迎春夏秋冬福，保安全纳东西南北财
44. 交规学记用，安全你我他
45. 护栏保安全，翻越最危险
46. 安全在你脚上，生命在你手中
47. 乱穿马路，游戏人生
48. 逞一时之勇，得一世之悔
49. 安全与生命一线牵，幸福和安全两相连
50. 绷紧安全琴弦，奏响生命旋律
51. 走过春夏秋冬，安全永驻心中
52. 礼让三先，天长地宽
53. 步步小心，平安是金
54. 遵守交规，善待生命
55. 交通安全进万家，出入平安你我他
56. 母念妻等娇儿盼，愿君平安把家还
57. 头脑绷紧安全弦，行车系上安全带
58. 警惕安全在，麻痹事故来
59. 珍惜生命，遵章出行
60. 一丝不苟保安全，半分疏忽生祸端
61. 违章铸成终生悔，守规伴你一世安

62. 车辆超载一吨，危险增加十分
63. 礼让保平安，抢行起祸端
64. 停让躲慢要果断，犹豫不决出祸端
65. 大哥大方向盘，同时使用最危险
66. 雨雪雾，限车速
67. 快车乐一时，祸起痛一生
68. 夜间会车要谨慎，远光近光有尺寸
69. 心静车行，心乱车停
70. 大意与事故挂钩，小心与平安交友
71. 飞速行车乐一时，一朝落马毁终生
72. 关爱孩子，从起步开始
73. 居安思危，莫忘交规
74. 大意招祸，小心得安
75. 车行高速路，注意限车速
76. 维护交通安全，关爱生命永远
77. 十字路口易闯祸，一慢二看三通过
78. 开违章车，流事故泪
79. 找点空闲，找点时间，交通法规，经常看看
80. 赌，败家的源头；酒，肇事的祸首
81. 遵章路上走，安全伴你行
82. 千里之行始于足下，交通安全从我做起
83. 驾车遵章行，爱拼才会赢
84. 安全最佳效应，平安共同心声
85. 生命无返程，切莫逆向行
86. 莫道行车易，违章难平安
87. 心中交规严，眼前路自宽
88. 拒酒千里外，安全万里行
89. 交规忘脑后，事故在眼前
90. 肇事莫逃逸，逃逸违天理
91. 让道于人，安全于己
92. 醉人驾车，易成罪人
93. 车行万里路，走好每一步
94. 手握方向盘，时刻想安全
95. 黄金有价，生命无价
96. 谨慎驾驶回家转，全家老少盼团圆
97. 不管开车多老练，安全第一是关键
98. 想想死者想想咱，为何让人归黄泉
99. 全家平安全家福，一人出事全家哭
100. 生命有限，安全永远

思考与讨论

1．为什么说交通安全问题至关重要？

2．本章中的几个案例对你有何教育和警示作用？

3．本章所介绍的交通安全知识，你是否已经全面认识、理解和掌握？

4．你以前的交通行为是否真正注意到了安全问题？

5．在将来的学习、生活和工作中，你应当怎样注意交通安全？

6．除了本章介绍的交通安全知识外，你认为青年学生还应当注意哪些交通安全问题？

7．你是否已全面认识、理解和领会“交通安全警示语 100 条”的意义和作用？

8．通过对本章内容的学习，你对交通安全问题有何重要认识、体会和感想？

9．请结合实际深入讨论青年学生注意交通安全问题的重要性、必要性和紧迫性。

10．请以小组、寝室或班级为单位，组织形式多样、丰富多彩的交通安全知识竞赛活动、文艺宣传活动或其他宣传活动。

02

第二章

用电安全

本章寄语　用电安全，不容忽视

电作为一种不可或缺的重要能源，现已广泛应用于人类社会的各个方面。在人们的日常生活中，无论照明还是使用各种家用电器，无论做饭、吃饭、收看电视、收听录音机还是学习或休息，无论从事娱乐、健身等活动还是治疗某种疾病，无论降温除湿还是驱寒保暖，无论在家中还是去外面，几乎无时无刻离不开电；在人们的日常工作中，无论进行通讯联络还是进行各种信息的交流和传递，无论从事第一、二产业还是从事第三、四产业，无论党政机关还是企事业单位，也几乎无时无刻离不开电。可以说，电方便了人们的工作、学习和生活，电促进了社会的进步与发展。没有电，人们将无法工作、学习和生活；没有电，人类社会将要倒退几十年乃至几百年。

然而，电是一种看不见、不可触摸的无形东西，用电又是一件科学性、技术性和安全性都很强的严肃事情，况且电还有交流电与直流电、高压电与低压电、人工供电与自然形成的电（雷电、静电等）之分。安全用电，将会给人们带来方便、安全和幸福；不安全用电，则会给人们带来痛苦、不幸和损失。事实上，由于不安全用电等因素导致的人体触电受伤与死亡、电线起火、家中电器起火或爆炸、电气设备损坏或报废，以及由电酿成的各种火灾等重大事故在全国各地时有发生。因此，用电安全，不容忽视；安全用电，人人有责！

虽然具有初中以上文化程度的青年学生，在物理等课程中都已学习了关于电的基本知识和安全用电基本常识，但是他们往往不太注重理论与实践相结合，加之他们年龄偏小、经验不足、好奇爱动、办事马虎、自尊心较强和自我约束力较差等，因而在目前全国各地各类中等职业学校、高等院校的学生中，没有真正掌握安全用电技术或不会安全用电者为数不少。况且，由于种种原因，青年学生在校内、校外和家庭中乱接电线、乱接电源和乱用电器等不良现象时常发生，而且在多数情况下是处于单独操作状态。因此，必须教育、指导和要求学生安全用电，强化学生安全用电意识，使其养成良好的用电安全行为习惯，坚决预防和杜绝各种不应有的用电事故发生。

本章主要介绍日常生活中的用电安全基本知识。至于实验、实训、实习中的有关用电安全问题，将在本书第五章中加以介绍，在此不再赘述。

希望本章所介绍的各种知识，能对全国各地各类职业院校中的每一位学生在用电安全方面都有所帮助！

用电安全案例

案例 2-1　乱接电线，引起火灾

1989年4月3日，江苏省××中专学校学生宿舍××室的一名学生，为了试听录音机，在宿舍里一个损坏了的插座裸露出的两个线头上接线，由于导线很不规则，且又从褥子底下穿过，结果当日下午接线处打火，烧坏褥子，引起火灾，烧毁4名学生床上的被褥、衣物、书籍和一些公物，直接损失700余元。

案例 2-2　乱接电炉，导线起火

1998年12月的一个星期天中午，山东省××市职业中专学校学生孙××独自在宿舍里从开关处专门引线另接了一个功率为2000W的电炉，准备自己做饭。打开电炉10分钟后，由于功率太大而使导线起火。

案例 2-3　树下避雨，雷击死亡

1997年7月20日下午，江西省××技工学校学生李××在暑假期间帮助家里到山上放牛，当时乌云密布、电闪雷鸣，很快就下起了倾盆大雨。由于下雨很快，李××赶牛下山已经来不及。为了躲避大雨，李××跑到一棵大树下面避雨。一阵巨雷鸣响，李××惨遭雷击死亡。

案例 2-4　带电作业，身摔重伤

1995年7月24日，湖北省××学校的学生张××帮助家中大哥在新盖的楼房上架设电线，由于带电作业而不慎从楼上摔下，致使其右臂骨折、身体多处受伤。

用电安全知识

1. 安全用电的基本原则是什么？

（1）不接触高于36V的低压带电体，不靠近高压带电体。

（2）警惕不应该带电的物体带了电和本来应该绝缘的物体导了电。

（3）只有经有关部门核准的电工，才有检查和维修用电线路的资格。排除一般的电路故障，如更换熔丝等，必须由有电学知识和一定操作经验的人进行。

（4）定期检查电线、开关、电灯灯口及用电器的插头、引线，若有老化破损，必须及时更换。

（5）不超负荷用电，否则会使线路中的电流长期超过其安全载流量，导致电线过热损坏绝缘层，从而造成触电事故。

2. 农村如何注意安全用电？

（1）自觉遵守用电规章制度。用电要申请，安装、维修找电工，线路应安装漏电保护装置。

（2）不要在电线底下盖房子、打场、堆柴草、打井、栽树。在电线附近立井架、修理房屋或砍伐树木时要采取措施，对可能碰到的线路设备，找电工停电后予以修整。

（3）不在电线附近采石放炮，不靠近电线杆挖坑取土，不准在电线杆上拴牲口，不准破坏拉线，以防杆倒线断。

（4）晒衣服的铁丝和电线之间要保持足够距离，不要绕在一起，也不要在电线上晒挂衣服。

（5）不玩弄电气设备，不爬电线杆，不摇晃拉线，不在电线附近放风筝、打鸟，不准往电线、瓷瓶和变压器上扔东西。

（6）不要使用不合格的灯头、灯线、开关、插座等用电设备。灯线不要过长，也不要拉来拉去。

（7）广播喇叭怪叫或冒烟时，要拉断开关，不要拔地线。发生火灾时，要赶快切断电源，不要带电泼水。

（8）发现电线过低或与其他线搭连、电线断落、电线损坏或老化漏电、树枝碰触电线等情况，应马上找电工处理。

3. 为什么不能乱接电线？

所谓乱接电线，就是不按照安全用电的有关规定，随便挂接电线，任意增加用电设备。这种做法是非常危险的。乱接电线常常要避人耳目，工具、材料等工作条件差，装线往往不用可靠的线夹，而用铁钉或铁丝绑，结果磨破绝缘体，损坏电线；不看电线粗细，任意增加用电设备形成超负荷，使电线发热等。这些情况都能造成短路、产生火花或发热起火，有的还会导致燃烧爆炸，甚至引起触电伤亡事故。

为了保证用电安全，防止乱接电线，必须遵守有关管理部门的如下规定。

（1）用电要申请报装，线路和设备装好后要检查合格方可通电，临时线路要严格控制，由专人负责管理，用后拆除。

（2）采用合格的线路器材和用电设备。

（3）线路和设备要由专业电工安装，一定要符合安全规定。

4. 为什么不能用铜丝、铁丝代替熔丝？

熔丝在电源线路发生漏电、短路或超负荷等故障时，具有保护电源线路和用电器具不致起火或烧坏的重要作用。熔丝越粗，额定电流和熔断电流也越大。如果使用的熔丝过粗，或用铜丝、铁丝代替，一旦遇到漏电、短路或超负荷，熔丝会因熔断电流太大而不能及时熔断，也就无法达到保护电源线路和用电器具的目的，时间一长，将导致电源线路和用电器具发热起火或被烧毁，进而引燃可燃物甚至酿成火灾。

安装熔丝时，固定螺钉不能拧得过紧，因为熔丝材质很软，拧紧后连接点会被压扁，使截面积减少，其额定电流和熔断电流也就相应减小，起不到准确的“保险”作用。拧得过松也不行，会形成接头处接触电阻过大，从而导致误断。

5. 安装电网有什么具体规定？

（1）凡安装电网者，必须将安装地点、理由（附有安装电网的四邻距离图，以及使用电压等级和采取的预防误触电网措施等有关资料）向所在市（县）公安局申报，经审查批准，方可安装。

（2）严禁乡镇企业、作坊安装电网护厂（场）防盗防窃。

（3）严禁私人安装电网圈拦房舍、园地、谷仓、畜圈、畜舍等。

（4）严禁用电网捕鱼、狩猎、捕鼠或灭害等。

（5）严禁非法制造、销售带有工作电网的任何设备和器具。

6. 如何购买和使用各种用电器？

（1）要购买有质量保证的各种用电器。

（2）要看懂自己新购用电器的使用说明，懂得如何按照要求使用。

（3）凡是与人体直接接触的各种用电器，如电热毯、电吹风、电热梳、卷发器、电动理发剪等，除应选用质量有保证的产品外，还应特别注意严防磨损、腐蚀电线，以及其他有可能出现的漏电现象等问题。

7. 如何防止雷击对人体的伤害？

（1）遇到电闪雷鸣时，应关闭门窗，避免“过堂风”，以免球状闪电入室伤人。

（2）雷击时最好不要收听广播和收看电视，接有室外天线的应注意将天线接地。

（3）雷击时不要打电话，因为雷电可通过电话线路传递，击伤打电话的人。

（4）出门在外时注意别让衣服淋湿，淋湿后极容易导电。

（5）在闪电雷雨中不要站在山顶、树下或旷野坪坝上。

（6）有闪电雷雨时，不能走近高楼、烟囱、电线杆、铁塔、避雷针、架空电线及其接地线。

8. 怎样防止触电？

（1）严禁违章用电；发现事故隐患，应立即请电工排除，确保用电安全。

（2）人体是导体，接触带电的电线或物体，就会发生触电事故。因此，要绝对避免带电操作，要坚持单线操作，不要同时接触两根电线或两个接线头。不要用手触及带电工作的设备，不要让手或身体的任何部位触及裸露的线头或电线。

（3）在接线或检修电路时，要把电源切断，确认无电后方可操作，然后再用绝缘胶布把线路接头处缠紧、压实。

（4）不要乱拉、乱扯电线，不要乱接电线、乱接电源。

（5）不要将电源线与热表面或油污表面接触；不允许电源线受到任何负载的牵拉和扭曲；不要用金属丝捆扎电线；不要用重物压电线；不要把电线缠在铁钉或其他金属物上；

不要在电线上晒衣服。

（6）要防止电线绝缘部分破损，保持电气绝缘部分干燥。

（7）最好不要使用明线，不要把电线乱拉到室外去。

（8）在日常生活中，熔丝不能用铜丝或铁丝来代替，一定要按照电路实际用电的电流强度来选择熔丝。

（9）一个插线板上，不要插用过多的电器，以免超出用电负荷而引起火灾。

（10）水能导电，不要用湿手、湿布触摸或接触电源开关及电气用具，否则容易引起漏电和短路。

（11）要养成用右手接触开关的习惯，因为人的心脏在身体的左侧。

（12）不要把手指或金属物插入电源插座中。

（13）在插电源插头时，手应握在绝缘部分，不要用手接触插头上的金属片；在拔电源插头时，不要拉住导线猛拔。

（14）缺乏专业知识的人不要修理或拆装家用电器。须要修理或拆装的，事先必须切断电源。

（15）在进行实验、实习时，一定要遵守具体操作规程；在检测电路是否有电时，须用电笔，不准用手触摸。

9．触电事故具有哪些基本规律？

触电事故没有预兆，而且一旦触电，人的防卫能力会迅速降低。为了防止触电事故的发生，应当掌握触电事故的规律。触电事故的规律主要有以下几个。

（1）6～9月电击事故多。因为这段时间天气炎热，人体衣单而多汗，电击危险性较大。而且，这段时间又多雨、潮湿，既会降低电气设备的绝缘性，又会增加地面和土壤的导电性，从而增加电击的危险。

（2）低压设备和低压线路电击事故多。这是因为低压设备远远多于高压设备，与低压设备接触的人很多较缺少用电安全知识。

（3）非专职电工电击事故多。这是因为这些人为主要操作者，不经常接触电气设备，且经验不足，又比较缺乏用电安全知识。

（4）农村电击事故多。这是因为农村用电安全管理水平较低，设备和技术条件较差，人员安全素质不高。

10．触电者的症状是什么？

人体一旦触电，轻者会出现局部电烧伤，重者可以导致死亡。触电者的症状如下。

（1）局部症状表现为电烧伤，电烧伤的创面呈焦黄色或黑褐色。电烧伤多发生于手、脚、臂等部位。

（2）全身症状表现为头晕、心慌、四肢抽搐、昏迷，甚至出现呼吸麻痹和心跳停止而死亡。

11．触电如何急救？

如发现有人触电，则应立即采取下列方法进行紧急抢救。

（1）使触电者立即脱离电源。要立即拉下电闸切断电源，如果电闸较远，可用木制品、塑料棍棒等不导电的物品挑开电线，使其脱离触电者。如果此时触电者手抓住电线难以脱开，可用绝缘钳、剪或带木把的斧子将电线剪断或砍断。如果触电者倒在潮湿的地方，救护者应穿上胶鞋或站在干木板、木凳子上营救，千万不能用手直接去拉电线或触电者，也不可用金属、潮湿的物品去接触电线或触电者，以免发生救护者触电现象。

（2）未失去知觉者，要让其在通风处静卧休息；失去知觉但心跳正常者，可创造条件让其呼吸，天冷时要注意保暖。

（3）若触电者呼吸停止，则应立即进行口对口或口对鼻人工呼吸。

（4）若触电者心跳停止，则须要进行胸外心脏撞压等按摩。如果有医务人员在场，则应根据情况必要的急救药物。

（5）如果上述方法不能使触电者呼吸及心跳恢复，则应立即拨打“120”向医院求救，或者立即送往医院进行抢救。

思考与讨论

1．为什么要注意用电安全？

2．本章中的几个案例对你有何教育和警示作用？

3．本章所介绍的用电安全知识，你是否已经全面认识、理解和掌握？

4．你以前的用电行为是否真正注意到了安全问题？

5．你在将来的学习、生活和工作中，应当怎样注意用电安全？

6．除了本章介绍的用电安全知识外，你认为青年学生还应当注意哪些用电安全问题？

7．通过对本章内容的学习，你对用电安全问题有何重要认识、体会和感想？

8．请结合实际深入讨论青年学生注重用电安全问题的重要性、必要性和紧迫性。

9．请以小组、寝室或班级为单位，组织形式多样、丰富多彩的用电安全知识竞赛活动、文艺活动或其他宣传活动。

03

第三章 消防安全

本章寄语　火灾无情，预防为主

火与人们的日常工作、学习和生活息息相关。火，既能造福于人类，又能给人类造成无穷的灾害。常言道："水火无情。"火灾的发生，常常会给人们的生命财产造成极大损失。因此，消防安全，特别重要！

为了预防火灾和减少火灾危害，保护公民人身、公共财产和公民财产的安全，维护公共安全，保障社会主义现代化建设事业的顺利进行，1998 年 4 月 29 日第九届全国人大常委会第二次会议通过了《中华人民共和国消防法》（以下简称《消防法》），自 1998 年 9 月 1 日起施行。

《消防法》第二条规定："消防工作贯彻预防为主、防消结合的方针，坚持专门机关与群众相结合的原则，实行防火安全责任制。"

《消防法》第五条规定："任何单位、个人都有维护消防安全、保护消防设施、预防火灾、报告火警的义务。任何单位、成年公民都有参加有组织的灭火工作的义务。"

《消防法》第六条规定："各级人民政府应当经常进行消防宣传教育，提高公民的消防意识。教育、劳动等行政主管部门应当将消防知识纳入教学、培训内容。新闻、出版、广播、电影、电视等有关主管部门，有进行消防安全宣传教育的义务。"

青年学生无论在校学习还是放假回家，无论在校内还是在校外，都要具有较强的防火意识和消防意识，认真学习和掌握消防安全知识，养成良好的行为习惯，自觉维护消防设施，坚决预防和杜绝各种火灾事故的发生。

当然，万一发生火灾或遇到火灾，也不要惊慌失措、无所适从，而应当快速反应、灵活应变，机智勇敢地采取各种科学、有效的急救措施，尽快灭火，减少灾害，尽快脱险，火中逃生。

希望本章所介绍的各种知识，能对全国各地各类职业院校中的每一位学生在消防安全方面都有所帮助！

消防安全案例

案例 3-1　春游野炊酿火灾

1995 年 4 月 5 日上午，山西省×××学校共 195 名学生，在 10 名老师的带领下，到七八里路以外的山上春游。因学生野炊引起大火，结果造成当场烧死学生 29 名、重伤 1 名、轻伤 8 名的恶性事故。

案例 3-2　一根火柴毁掉了一个古寺

1982 年寒假的一天，北京市×××学校的 4 名学生来到北京海淀区万寿寺行宫前游玩。当时，正值严冬季节，天气寒冷，4 名学生冻得直打哆嗦，一个学生说："我这里有火柴，咱们烤烤吧。"说完就掏出火柴，划着了一根，随后又找来一些碎纸点着火烤手，谁知火势越着越大，引燃了窗户上的油毡，很快蔓延至殿内易燃物，继而又引燃了整个大殿。4 名学生惊慌失措，赶快逃跑了。等人们赶来救火时，大火已将这座建于明代万历年间的万寿寺全部烧毁，从而造成了无法弥补的损失。据有关部门估算，如果按原样修复万寿寺，需要花费数百万元人民币。这样，一根火柴就毁掉了一个古寺。

案例 3-3　舞台上方起火，造成 300 多人死亡

1994 年 12 月 8 日，×××市教委组织全市学生在友谊馆举行汇报演出时，由于舞台上方 7 号光柱灯烤燃附近纱幕，引起大幕起火，火势迅速蔓延。约 1 分钟后，电线短路，灯光熄灭；剧厅内各种易燃材料燃烧后，产生大量有毒有害气体，致使众多师生被烧或窒息，伤亡极为惨重。本次事故共死亡 325 人，其中学生 288 人，干部、教师及工作人员 37 人，受伤住院者 130 人。

案例 3-4　措施得当，火中逃生

1983 年 4 月的一天，黑龙江省哈尔滨市发生了一场特大火灾，大火吞噬了 5 条街道，烧死烧伤几十人。而住在六楼的几户居民在整幢大楼烈火熊熊的情况下，却奇迹般地生存下来。奇迹是怎样发生的呢？原来当大火袭来已无法突围时，这几户居民没有惊慌失措，而是立即行动起来，先把阳台上堆放的木柴扔掉，然后将家中所有被褥、毯子和棉衣、棉裤，用水浸湿，蒙在门窗上，并不断向床上、地面及屋内所有可燃物品上洒水，始终没让火焰烧进房内。夜间火势减弱后，他们打开手电筒向楼外呼救。消防人员发现后，把他们抢救出来，使他们死里逃生，获得生机。

消防安全知识

1. 着火必须具备哪些条件？

燃烧，俗称“着火”、“起火”等，这是一种放热、发光的化学反应。着火必须同时具备下列三个条件。

（1）要有可燃物。无论是固体、液体还是气体，凡是能与空气中的氧或其他氧化剂起燃烧反应的物质，都是可燃物，如木料、汽油、酒精、煤气、液化石油气，以及书籍、纸张、蚊帐、衣、被等物。

（2）要有助燃物。凡是能帮助和支持燃烧的物质，都是助燃物，如空气、氧气、氯气、硝酸钾、高锰酸钾、过氧化钠等。

（3）要有着火源。凡是具有一定的温度和热量，能引起可燃物质燃烧的能源，都是着火源，如常见的火柴和火焰、油灯火、电火花等。要使可燃物质燃烧，需要有足够的温度和热量，不同的可燃物质燃烧时所需要的温度和热量各不相同。

以上三个条件，必须同时具备，并相互结合、相互作用，燃烧才能发生。缺少其中任何一个条件，燃烧都不能发生。有时在一定的范围内，虽然三个条件俱在，但由于它们没有相互结合、相互作用，燃烧的现象也不会出现。

掌握了物质燃烧的条件，就可以有的放矢地采取措施，有效地制止火灾的发生和减少火灾的损失。一切防火措施，都是为了防止燃烧的三个条件同时具备，不让其相互结合、相互作用；一切灭火措施，都是为了破坏已经产生的燃烧条件。不管采用哪种灭火方法，只要能去掉一个燃烧条件，火就会自动熄灭。

2. 引起火灾的火源有哪些？

能引起火灾的火源很多，一般说来，可分为直接火源和间接火源两大类。

（1）直接火源。主要有明火、电火花和雷电火三种。

① 明火：如生产、生活用的炉火、灯火、焊接火、火柴、打火机的火焰、香烟头火、烟囱火星、撞击或摩擦产生的火星，烧红的电热丝、铁块，以及各种家用电热器、燃气的取暖器等。

② 电火花：如电器开关、电动机、变压器等电气设备产生的电火花，还有静电火花，这些火花能引起易燃气体和质地疏松、纤细的可燃物质起火。

③ 雷电火：瞬时间的高压放电，能引起可燃物质燃烧。

（2）间接火源。主要有加热自燃起火和本身自燃起火两种。

① 加热自燃起火：这是由于外部热源的作用，把可燃物质加热到起火的温度而起火。加热自燃起火的情况比较复杂，常见的有可燃物质接触被加热的物体表面，如可燃的粉尘、纤维聚集在蒸气管道上，棉布、纸张靠近灯泡，木板、木器靠近火炉、烟道等。在熬炼和热处理过程中，由于温度未控制好，使可燃物质起火，如把刚炒过的米糠、葵花籽、中药材等堆积起来，极易聚热引燃起火。各种电气设备由于超负荷、短路、接触不良等，形成电流骤增，线路发热而起火。由于摩擦的作用，如轴承的油箱缺乏润滑油，发热起火。辐射作用，如把衣服挂在高温火炉的附近起火，用纸做灯罩起火等。聚焦作用，如玻璃瓶、

平面玻璃的气泡、老花眼镜，以及斜放的镀锌铁皮、铝板等，由于日光的聚焦和反射作用，使被照射的可燃物质起火。化学反应放热的作用，如生石灰遇水即大量放热，使靠近的可燃物质起火。此外，对某些物质施加压力进行压缩，产生很大的热量，也会导致可燃物质起火，如空气压缩到一定程度，产生高温可引起柴油燃烧。

② 本身自燃起火：在既无明火，又无外来热源的条件下，物质本身自行发热，燃烧起火。一类是本身即可自燃起火的物质，如泥炭、褐煤、新烧的木炭和没有晒干的稻草、油菜籽、豆饼、麦芽、苞米胚芽、原棉，还有沾有植物油、动物油的纱头、手套、衣服、木屑、金属屑和抛光灰等。另一类则是与其他物质接触而自燃起火的物质，如钾、钠、钙等金属物质与水接触；可燃物质与氧化剂、过氧化物接触，如木屑、刨花、稻草、棉花、松节油、石油产品、酒精、醚、丙酮、甘油等有机物与硝酸等强酸接触。

3．生活中引起火灾的人为因素主要有哪些？

（1）用火不慎。例如，食油过热着火；炉灶、烟囱、火炕、火墙等出现裂缝跑火，或靠近木梁、木柱、顶棚、板壁等可燃物引起火灾；倒炉灰不注意致使“死灰复燃”，引燃柴草等可燃物发生火灾；在野外郊游野炊、上坟烧纸引燃树叶枯草等造成山林、草原火灾；使用油灯、蜡烛、灯笼、火把照明引燃可燃物起火；夏日里熏蚊虫不注意，引燃蚊帐、衣物等引起火灾；液化石油气罐减压阀漏气，导管老化漏气遇火源引起火灾，以及私自倒罐和乱倒残液遇火源引起火灾。

（2）用电不慎。例如，电线老化漏电，乱拉乱接电线不加防护，用铜丝和铁丝代替保险丝等；使用电炉、电褥子、电熨斗、电热器等不慎引起火灾；使用电视机、电冰箱、空调、音响、洗衣机等家用电器缺乏安全常识或用电超负荷引起火灾等。

（3）用油不慎。例如，使用、保管汽油、柴油等不当引起火灾。

（4）吸烟不慎。例如，将未熄灭的烟头或火柴梗扔在纸篓、垃圾堆、柴草垛等可燃物上引起火灾；在严禁吸烟的场所违章吸烟引起火灾；叼着烟修车时接触可燃气体引起火灾；在人多拥挤的公共场所吸烟引起火灾；卧床吸烟，使火种飞落到易燃物上引起火灾等。

（5）玩火。例如，点火、烧纸、点火把、点蜡烛、玩火柴和打火机、吸烟等引起火灾。

（6）燃放烟花爆竹。例如，腾空而起的烟花爆竹使火星落在严禁烟火的地方或可燃物上。

4．生产活动中哪些人为因素能造成火灾？

（1）电焊、气焊。在进行电焊、气焊或切割时，常常由于迸出的大量火星和熔渣引燃周围的可燃物而引起火灾。

（2）机器摩擦。机器在运行过程中，由于没有按时加油润滑，或者没有及时清除附着在机器上的杂质废物，发热后常常引起附着物燃烧或冒出火星而引燃。在粮、棉、油等加工过程中，也常因混入铁钉、石块等摩擦或撞击迸溅火花而引起火灾。

（3）设备不良。设备陈旧老化或有损坏而带“病”作业，也常常出问题而引起火灾。

（4）静电放电。例如，易燃、可燃液体在塑料管中流动时，由于摩擦产生静电火花，引燃易燃和可燃液体燃烧爆炸；油罐装卸汽油或航空煤油等易燃液体时，受到晃动冲击，油面静电积聚，产生火花，引起火灾；有易燃易爆气体存在的场合，如有身穿化纤衣服的人员活动，活动中产生的静电也极易引起火灾。

（5）违章蛮干。例如，在易燃易爆场合违章动焊、动火；用汽油擦洗机器、仪表等，甚至边擦洗边吸烟；车间安装电器、灯具不按规定选择安全的类型；仓库物品不按规定堆放；在配电线路上乱拉乱接临时电线，形成线路超负荷造成短路。

以上诸因素，均易引起火灾。

5. 怎样预防火灾的发生？

（1）不玩火。玩火容易导致火灾。

（2）不吸烟。吸烟容易引起火灾。

（3）爱护消防设施，保证通道畅通。

（4）使用家用电器要注意防火。

（5）点蚊香时要注意防火。

（6）使用火炉时要注意防火。

（7）使用液化气、煤气和天然气时，要注意防火、防漏。

（8）在校园内要注意防火。

（9）外出活动时要注意防火。

6. 为什么不要玩火？

许多学生对火感到新奇，常常背着老师和家长做玩火的游戏，有的点火烧纸、烧柴草，有的在野外堆烧废旧轮胎、废塑料，还有的在黑暗处划火柴、点蜡烛照明、弹火柴棍、烧马蜂窝等等。殊不知，几乎每一种玩火方法，都具有引起火灾的危险性。火一旦烧起来，不仅会使国家、集体和家庭财产毁于一旦，而且还直接威胁到人们的生命安全。所以，千万不要玩火。平时，应当注意做到以下几点。

（1）充分认识到玩火的危害性和可能带来的严重恶果，无论任何时候都要坚决做到不玩火。

（2）打火机、火柴、鞭炮等常常是诱发学生玩火的因素。因此，平时不要在身上携带这些东西。

（3）互相监督、互相提醒。如发现有玩火者，应该立即制止，并且要尽快报告老师和家长，以便进行批评教育。

7. 烟头为什么能引起火灾？

吸烟既危害身体健康，又容易引起火灾。一个小小的烟头，表面温度有200～300℃，而中心温度则高达700～800℃。人们的日常生活用品，如被褥、衣服等，都容易被烟头、火星引燃。而衣物、被褥的燃烧，通常是以隐燃状态进行的，不容易被人所发现。有的学生经常躲在墙角、厕所等处偷偷吸烟，如发现老师或家长，就慌忙将烟头扔掉或藏在袖口、衣袋里，还有的学生在慌忙之间把手中的烟藏到被褥下，未熄灭的烟头若遇到可燃物，就极易引起火灾。这样的情况，在全国每年都会发生很多起。一次又一次的大火向人们发出了红色警告——吸烟危险，必须戒除！

8. 怎样做到“爱护消防设施，保证通道畅通”？

（1）不要随便搬动、试用或毁坏消防用的水龙带、提桶、水枪、灭火器，以及专门用于消防的锹、镐、钩、沙箱等。

（2）现代化的商场、宾馆、图书馆、办公楼和住宅小区等建筑物的墙上，都安有红色火警报警按钮，千万不能随意按动它。

（3）院落或楼道是发生火灾时人员脱险逃生的通道，也是抢救困于火场人员的必经之路，务必要保持这些地方畅通无阻，不要在这些地方存放自行车和堆放杂物。

9. 燃放烟花爆竹如何防火？

（1）购买烟花爆竹时，一定要注意不买假冒伪劣产品，防止因质量问题引起火灾和伤人事故。

（2）对买来的烟花爆竹，要妥善保管，防止遇火燃烧爆炸。

（3）燃放前要选择好安全的场地。一定要远离公共场所、仓库和放有易燃易爆物的地方。

（4）孩子燃放时，一定要有大人看护、指导，正确燃放。

10. 照明用电如何防火？

照明灯具主要有白炽灯和热光灯两种。人们常常忽视它们在使用过程中发生火灾事故的可能性。

（1）在安装灯具时，开关要安在火线上。灯具、导线要连接牢固，而且要符合环境要求，安装在远离炉火和可燃物的地方。

（2）使用活动灯要经常检查，防止因长期使用绝缘层断裂或磨损造成短路；同时，还要注意接头。不能用废旧电线安装临时灯。

（3）白炽灯灯丝损坏对接后再使用，电流要大于原灯丝电流，容易使导线超负荷，所以应及时换新灯泡。

11. 点燃蚊香时需要注意什么？

（1）蚊香要放在支架上，支架不要放在纸箱台面或木质地板上，而要放在金属盘、瓷盘或水泥地、砖地上。

（2）不要在容易被风吹倒的地方点燃蚊香，以防蚊香起火，引起火灾。

（3）电子驱蚊器不使用时应及时拔掉电源插销。

12. 怎样安全使用火炉？

（1）在安装火炉时，火炉应与床铺、家具等可燃物保持一段距离；烟囱要远离电线、顶棚、木墙壁和木门窗等，至少相隔 0.2m 以上。农村使用的砖炉土灶，要远离柴草。

（2）炉体周围不要堆放废纸、刨花、衣物等易燃物品。

（3）清除的炉灰、炉渣要等火完全熄灭或用水泼灭后再倒，要倒在固定的安全地方。特别注意的是，不要带着红火倒炉灰、炉渣。

（4）烘烤衣服、被褥等易燃物品时，要有人专门留心看管，以防烘烤时间过长而被引燃。

（5）生火时，千万不要用汽油、煤油、柴油和酒精等助燃，以防它们猛烈燃烧而引起火灾。

13．怎样安全使用液化气、煤气和天然气？

（1）液化气、煤气或天然气灶具不能放在卧室、办公室、阳台或仓库、礼堂等公共场所内，以防漏气失火。

（2）无论使用罐装液化气还是管道煤气、天然气，都必须遵守“先点火，后供气，人走关火”的操作程序；否则，可燃气体就会与空气混合成爆炸性混合物，点火时极易发生爆炸而引起火灾。

（3）用火柴、火机点燃液化气或煤气、天然气时，点火后要把火柴、火机拿走，不要随手放在炉台上，以免着火。

（4）不要让儿童使用液化气或煤气、天然气，也不要让儿童随意玩弄炉具开关。

（5）使用液化气或煤气、天然气时，要有人看管，不可远离；要随时注意调节火焰的大小，防止汤水外溢浇灭火焰或被风吹灭火焰而造成漏气，发生危险。

（6）更换液化气罐后，在使用前要做一次检查，看看有无漏气现象。每次使用后，都要将所有开关关好。如离家外出，则应再做检查，以确保安全。

（7）液化气罐应直立，不能倒放，不能用开水泡或用火烤。

（8）液化气罐内有残液是正常的，但是残液不能随便乱倒，应请液化气站处理。

（9）如发现有气漏出，应立即采取措施，打开门窗，用扇子扇，以便通风换气（但不能用电扇吹），然后查找漏气部位。如因接口松动漏气，则应重新拧紧；如因部件损坏漏气，则应及时修理更换。绝不能用明火检查，更不能有火种出现，如电器开关打火、吸烟等。

（10）严禁私自倒罐（从一个罐往另一个罐倒气）。

（11）要经常检查灶具的炉膛、开关和胶皮管及接头处等重要部位是否完好无损。

14．液化气、煤气、天然气外漏时应如何处置？

（1）使用液化气、煤气、天然气时，若听到微小漏气声音，或者嗅到异味，应立刻关火仔细检查。

（2）微量漏气时，可以用布头或毛刷在可能漏气的地方涂上肥皂水，从肥皂泡出现的地方找到漏气处，并及时处理。

（3）大量漏气时，不但可以听到漏气声音，而且还可以看到漏气处产生白色烟雾。这时，要立即关上气阀门，打开窗户通风，熄灭附近所有火源，不要使用电灯、电风扇、电冰箱等家用电器，打电话通知煤气站工作人员进行处理。

15．如何防止电视机起火爆炸？

（1）看完电视要切断电源，拔下电源插头。

（2）收看电视时间不能过长，看完电视后要等热量散尽再套防尘罩。

（3）电视机应置于干燥通风的地方，并远离易燃易爆物。

（4）雷雨天不要使用外接天线，以防雷击。

（5）发现故障要关机检查，发现冒烟或起火时不能用水浇，而应当先断电，再用棉被等盖压。

16．如何防止收录机和组合音响起火？

（1）一次使用时间不宜过长，一般不要超过 4 小时；否则，使用时间过长，散热不及时就可能烧坏变压器，造成短路产生高温起火。

（2）用完后要拔下电源插头，切断电源。

（3）要保持机体清洁，使热量容易散发，如发现机体温度过高，要及时检修。

17. 如何防止电冰箱起火？

电冰箱与墙壁及两侧物品要保持一定距离，以利通风散热。因为马达、压缩机、风扇及线圈上积落的尘埃、棉线，是引起火灾的主要因素，所以要注意保持电冰箱清洁。

18. 如何防止白炽灯泡起火？

白炽灯泡的功率不同，通电后在一般散热条件下其表面温度也不同。例如，40W 的白炽灯泡表面温度为 50～63℃，60W 的为 137～180℃，100W 的为 170～216℃，而一般可燃物的燃点都在这几个温度范围之内。所以，使用白炽灯泡时一定要与可燃物保持一定的距离。不要用灯泡烤衣物、毛巾等，也不要用纸自制灯罩，因为纸被烤煳引燃后会引发火灾。

19. 如何防止电熨斗起火？

在使用电熨斗熨烫衣服时，要将电熨斗放在耐火的砖、石板或铁支架上。在无人看管时，不要接通电源；用完后，要及时拔下电源插销。

20. 如何防止室内电线起火？

（1）要注意安全用电。

（2）不要超负荷用电。

（3）陈旧、老化或破裂的电线，要及时更换掉。

（4）不要随便处理或扯、拉电气设备的导线。尤其注意不要在家具和地毯下面拉接电线，以防搬移家具或人员踩踏时发生短路而引起火灾。

21. 校园防火须注意什么？

（1）严禁携带火柴、打火机、烟花、爆竹等火种进入校园。

（2）用过的废纸、旧书本等，不要随便乱烧，如非烧不可，也要远离建筑，并要有专人负责看守，等余火完全熄灭后再离开现场。

（3）实验课的操作，一定要按照老师的要求去做。实验用的易燃易爆物品应随用随领，用完即清理，不要在现场存放。

（4）要注意检查电气设备的安装和使用情况，用完后要切断电源。

（5）厨房、库房、实验室、图书室、阅览室等，要严格按照有关防火规定使用。

（6）要学会使用灭火器材，保护学校的消防设施。

22. 如何防止火灾在学生宿舍发生？

（1）不乱接电源，不乱用各种电器。

（2）不吸烟。

（3）不点蜡烛看书。

（4）不焚烧杂物。

（5）不存放易燃易爆物品。

（6）台灯不要靠近枕头和被褥。

（7）人走关灯，嗅到电线胶皮煳味，要及时报告，采取措施。

23. 外出活动时怎样注意防火？

（1）外出活动一般不组织野炊，确属必要时一定要在老师或辅导员的带领下，选择沙滩或空旷安全的地方进行。

（2）大风天气应停止野炊；野炊完毕，必须彻底熄灭火种，以防“死灰复燃”，造成森林火灾、草原火灾等火灾事故。

（3）随家长进山上坟，不要焚香烧纸。清扫一下坟墓，献上一束鲜花，同样可以寄托人们对亲人的哀思。

（4）影剧院、商场、图书馆、公园、体育馆等公共场所的电气设备、开关等，都不要乱摸、乱动。

24. 怎样报火警？

发生火灾后，仅靠周围人员的力量无法扑灭时，则应迅速报火警。拨打火警电话要注意按以下程序进行。

（1）牢记火警电话“119”。没有电话或没有消防队的地方，如农村和边远地区，可以通过打锣敲钟、吹哨、大声呼叫等方式向四周报警，动员乡邻一起前来灭火。

（2）报警时，要讲清着火单位、所在区（县）、街道、胡同、门牌或乡村地址等确切位置。

（3）说明什么东西着火、火势情况，以及周围的环境（包括水源）和道路交通情况。

（4）讲清报警人姓名、电话号码和住址。

（5）报警后，要安排人员到道路口等候消防车。

（6）遇有火情，不要围观。这样既妨碍消防人员工作，也不利于自己的安全。

（7）不能随意乱打火警电话。假报火警是扰乱公共秩序、妨碍公共安全的违法行为。

25. 中小学生为什么不能参加直接灭火？

（1）为了保护青少年的合法权益和生命安全，国家明令禁止学校、机关和其他社会团体组织中小学生参加灭火。

（2）青少年正处在成长发育时期，还不具备成年人的思维和体力，普遍缺乏自我保护的能力和经验。

（3）如发生火灾，最重要的是尽快脱离危险，撤离现场。这样做，一是可以保证自身安全，二是为大人灭火提供方便，使他们可以集中精力灭火。

26. 家庭中常用的灭火方法有哪些？

（1）液化气或煤气、天然气因漏气起火，可将毛巾或抹布淋湿盖住火点，同时迅速关闭阀门。

（2）如果油锅着火，千万不要用水扑救，更不要直接用手去端锅。应该立即拿起锅盖盖上油锅或将切好的菜放入锅内，锅里的油火隔绝了空气就会熄灭。

（3）家用电器着火，要立即拉闸断电或者拔下电源插销，然后再用湿毛毯或湿棉被捂盖。切记不要用水扑救，因为水能导电，容易造成触电伤人。

27. 发现邻居家着火时应当怎么办？

（1）拨打“119”火警电话报警。

（2）呼叫其他邻居或过往行人，进行扑救。

（3）协助成年人做一些辅助性的救火工作，如引导消防车、运水、运沙土等，但不要直接参与救火。

28. 哪些东西可以用来灭火？

（1）水是最实用、最简单的灭火剂。若是纸张、草柴、木头、棉花或布类起火，可用它来扑灭。

（2）土、沙土和淋湿的棉被、麻袋能灭火，扫帚、拖把、衣服、锹、镐也可作为灭火工具。关键在于快，不要给火蔓延的机会。

（3）干粉灭火器适用于扑救油类、可燃气体和电气设备火灾。

（4）泡沫灭火器适用于扑救油类火灾。

（5）二氧化碳灭火器适用于扑救各种易燃液体和固体物质火灾。

（6）1211灭火器适用于扑灭油类、带电设备、精密仪器、仪表、文物、档案等贵重物品的火灾。

29. 火灾中的毒烟有什么危害？

毒烟对生命最危险，在火灾中丧命的人大多数不是直接烧死的，而是吸入毒烟致死或被烟熏倒后烧死的。

随着生活水平的提高，人们越来越讲究室内装饰，这些装饰物都是可燃物质，一旦遇火燃烧，就会产生大量刺激性和毒性烟雾，如一氧化碳、二氧化碳、二氧化硫、氰化氢、氯化氢等。这些气体直接威胁着受害居民和扑救人员的生命安全，轻则引起流泪、咳嗽、头晕、呼吸困难，重则使人昏迷不醒，甚至死亡。所以，在扑救室内火灾时，一定要预防毒烟。

一旦发生火灾，自己又陷入烟雾包围之中，这时千万不要慌忙，可用湿口罩或湿毛巾捂住口鼻，或在头上套一个比较大的透明塑料口袋，防止烟雾刺激眼睛和呼吸道，或喷水开道，迅速逃离危险区。扑救火灾时，应尽量站在上风方向，最好戴上轻便型防毒面具或氧气呼吸器，避免毒气侵袭。如果出现流泪、眼痛、头痛、咳嗽、胸闷、头昏等症状，应及时撤离火场。

30. 平房起火应如何脱险？

（1）睡觉时被烟呛醒，应迅速下床俯身冲出房间。不要等穿好了衣服才往外跑，因为此时此刻时间就是生命。

（2）如果整个房屋起火，则要匍匐爬到门口，最好找一块湿毛巾捂住口鼻。如果烟火封门，千万别出去，应改走其他出口，并随手把自己通过的门窗关闭，以延缓火势向其他房屋蔓延。

（3）如果被烟火围困在屋内，则应用水浸湿毯子或被褥、衣物等，将其披在身上，尤其是要包好头部，用湿毛巾蒙住口鼻，做好防护措施后再向外冲，这样受伤的可能性要小得多。

（4）千万不要趴在床下、桌下或钻到壁橱里躲藏，也不要为抢救家中的任何贵重物品而冒险返回正在燃烧的房间。

31．教学楼起火应如何脱险？

（1）当发现楼内失火时，切忌慌张、乱跑，要冷静地探明着火方位，确定风向，在火势未蔓延前，朝逆风方向快速离开火灾区域。

（2）起火时，如果楼道被烟火封死，应该立即关闭房门和室内通风孔，防止进烟。随后用湿毛巾堵住口鼻，防止吸入毒气，并将身上的衣服浇湿，以免引火烧身。如果楼道中只有烟而没有火，可在头上套一个较大的透明塑料袋，防止烟气刺激眼睛和进入呼吸道，并采用弯腰的低姿势，逃离烟火区。

（3）千万不要从窗口往下跳。如果楼层不高，可以在老师的保护和组织下，用绳子从窗口降到安全地区。

（4）发生火灾时，不能乘坐电梯，因为电梯随时都可能发生故障或被火烧坏，应沿防火安全通道朝底楼跑。如果中途防火楼梯被堵死，则应当向楼顶跑，向外高声呼救；同时，还可以把楼梯间的窗户玻璃打破，向外高声呼救，让救援人员知道呼救者的确切位置，以便营救。

32．楼梯着火时楼上的人应当如何脱险？

首先，要保持清醒的头脑，想方设法就地灭火。如果火势凶猛，就应该避免不必要的牺牲，尽快脱险。

楼房着火，往往浓烟会朝着楼梯口通道方向蔓延，楼上的人容易产生错觉，以为楼梯已被烧断而没有退路，其实并未烧着，完全可以设法掩护面部夺路而出。即使楼梯被火焰封住，在别无出路时，也可用湿棉被等物品做掩护而及早、迅速地冲出去。

如果楼梯确实已被火烧断，就应当冷静想想，查看是否还有别的楼梯可走，是否可从屋顶或阳台上转移，是否可以破墙而走，是否可以越窗而出，是否可以借用落水管、竹竿滑下来，是否可以利用绳子、皮带等物荡下来，是否可以逐级跳越而下等。只要多动脑筋，一般还是可以脱险的。

如果有小孩、老人、病人等被火围困在楼上，更应当及早抢救，如用被子、毛毯、棉袄等物扎好，有绳子用绳子，没有绳子用撕裂的被单连起来当绳索荡下来，或掷于邻近房屋的阳台、屋面上等，争取尽快脱险。

33．楼梯被烟火封锁后怎么办？

（1）可以从窗户旁边安装的落水管道往下滑，但要注意检查管道是否牢固，防止人体攀附上去后断裂脱落而造成伤亡。

（2）将床单撕开连成绳索，一头牢固地系在窗框上，然后顺绳索滑下去。

（3）楼房的平屋顶比较安全，也可以到那里暂时避难。

（4）从突出的墙边、墙裙和阳台等部位转移到安全区域。

（5）到未着火的房间内躲避，并且要关闭门窗。

（6）如果被困在二楼，迫不得已则可采用双手扒住窗户或阳台边缘，将两脚慢慢下放，双膝微屈往下跳的方法。

34. 楼内房间被火围困时怎么办？

（1）紧闭房门，用衣服将门窗缝堵住，同时要不断向门窗上泼水。

（2）朝室内一切可燃物如床、桌椅、被褥等物品上面不断泼水。

（3）不要躲在床下、桌子下或柜子里、壁橱里。

（4）设法通知消防人员前来营救。要俯身呼救，如喊声听不见，可以用手电筒，挥动鲜艳的衣衫、毛巾，以及往楼下扔东西等，以引起营救人员注意。

35. 被大火困住时应如何逃生？

首先，要设法逃离火场。路线可选择门、楼梯、窗户、阳台等，切勿乘坐电梯，以免电源中断被困在其中，也不可从高楼上或高处往下乱跳，以免造成不必要的伤亡。

在逃离火场的过程中，可用布、毛巾、手帕等弄湿后掩住嘴、鼻子，以免浓烟呛入呼吸道而窒息。需要从高处往下跳时，可找被单、长衣裤等连成长绳，固定在一个可靠的位置上后顺绳而下。在往外跑时，注意把头部贴近地面或爬行，因为浓烟自上而下扩散，近地面的烟较稀薄，有利于呼吸。如想从门逃出，应先打开一条门缝，看看门外是否浓烟滚滚，如果是，切勿打开门冒险跑出去，可另辟其他逃生之路。被困同时，可利用锅、桶等容器盛水往门及周围的木材上泼水，以阻止火势蔓延，争取时间。此时可边呼救，边设法从窗户及阳台逃生。

36. 身上的衣服着火时怎么办？

（1）如火不大，不要用手拍打。

（2）如火较大，可将衣服迅速脱下或迅速撕开，将火熄灭，不能奔跑，应将双臂交叉贴在胸前，并用手按住两肩以保护面部，倒在地上来回打滚灭火，也可跳入身旁的水中。

（3）可用床单、被子、毛毯、湿衣服等裹住身体灭火。

（4）可用水泼身灭火，或跳入浅水中。但如果人体烧伤面积太大或烧伤程度较深，则不能跳水，防止细菌感染或其他不测。

（5）切勿使用灭火器喷身上的火焰，以免增加体温或因化学灭火剂污染伤口使之难以治疗。

（6）身上的火熄灭后，切勿急于脱下烧伤处贴着皮肤的衣服。

37. 影剧院、商场、宾馆、酒店等公共场所着火时应当怎样脱险？

（1）进入影剧院、商场、宾馆、酒店等公共场所时，首先要观察太平门的位置，了解紧急救生路线。这样，万一发生危险，也可望从容脱险。

（2）烟火起，莫惊慌，辨明方向，认准太平门、安全出口、避难间的准确位置，选好逃离现场的路线。

（3）沿着疏散通道往外走，千万不要拥挤、盲从，更不要来回跑。

（4）不要往舞台上跑，因为舞台上没有安全出口，而且围墙很高。

(5)如果烟雾太大或突然断电，应沿着墙壁摸索前进，不要往座位下、角落里或柜台下乱钻。

38. 山林着火时应怎样脱险？

(1)辨别风向、风力以及火势的大小，选择安全路线逃离。

(2)如果风大、火势猛烈且距人较近，可以选择崖壁、沟洼处暂时躲避，待风小、火小时再脱身。

(3)如果火距人较远，则应选择与风向垂直的两侧撤离。例如，刮北风时，则应朝东西两方向脱离险境。

(4)不要顺风跑，因为风速、火速要比人跑得快，更不要迎着火跑。

39. 怎样参加灭火？

火场常常是人员众多、情况十分复杂的场所，要想迅速扑灭火灾，必须统一指挥，协调一致。

(1)一切行动听指挥。火场一般都要成立指挥机构，如发生火灾，在火场上的人员必须自觉地听从指挥机构的指挥，有秩序地进行灭火。

在灭火中，一般要有四支队伍协同战斗：一是灭火战斗队，主要协同公安消防队扑灭火灾；二是抢救人员和物资的战斗队，主要协助公安消防队抢救人员和疏散主要物资；三是警戒火场、维持秩序的战斗队；四是后勤队，负责救护伤员，供应灭火用的物资、器材及茶水。

在火场上不论分配什么工作都要积极主动、认真干好。

(2)要提高警惕，遵守火场秩序，防止坏人乘火场混乱之机窃取财物，进行破坏活动。

(3)要注意安全，避免不必要的伤亡。要讲究科学方法，攻得上、撤得出，切忌盲目行动。对于许多问题，诸如有的火场带电、有危险物品等，则主要是靠自己的勇敢机智、谨慎行事，以保障自身安全。

40. 灭火的基本方法有哪些？

(1)隔离法。即将着火的地方或物体与其周围的可燃物隔离或移开。这样，燃烧就会因为缺少可燃物而停止。在实际应用时，可将靠近火源的可燃、易燃、助燃的物品搬走；把着火的物件移到安全的地方；关闭电源、可燃气体与液体管道阀门，中止和减少可燃物质进入燃烧区域；拆除与燃烧着火物毗邻的易燃建筑物等。

(2)窒息法。即阻止空气流入燃烧区或用不燃烧的物质冲淡空气，使燃烧物得不到足够的氧气而熄灭。在实际运用时，可用石棉毯、湿麻袋、湿棉被、湿毛巾被、黄沙、泡沫等不燃或难燃物质覆盖在燃烧物上；用水蒸气或二氧化碳等惰性气体灌注容器设备；封闭起火的建筑和设备门窗、孔洞等。

(3)冷却法。即将灭火剂直接喷射到燃烧物及火源附近的可燃物上，使其温度降低，以起到灭火和防止辐射热影响而起火的作用。冷却法是灭火的主要方法，主要是用水和二氧化碳来冷却降温。

(4)抑制法。即用含氟、溴的化学灭火剂(如1211等)喷向火焰，让灭火剂参与到燃烧反应中去，使游离基连锁(俗称“燃烧链”)反应中断，达到灭火的目的。

41．怎样选用各类火灾的灭火器具？

按燃烧的性质划分，火灾有五种类型，各类火灾所适用的灭火器如下。

A 类，指含碳固体火灾。可选用清水灭火器、酸碱灭火器、泡沫灭火器、干粉灭火器及卤代烷 1211、1301 灭火器。

B 类，指可燃液体火灾。可选用干粉灭火器、卤代烷 1211 和 1301 灭火器、二氧化碳灭火器。泡沫灭火器只适用于油类火灾，而不适用于极性溶剂火灾。

C 类，指可燃气体火灾。可选用干粉灭火器、卤代烷 1211 和 1301 灭火器、二氧化碳灭火器。

D 类，指金属火灾。目前尚无有效灭火器。

E 类，指带电燃烧的火灾。可选用卤代烷 1211、1301 灭火器及干粉灭火器和二氧化碳灭火器。

42．如何使用灭火器？

（1）泡沫灭火器：在使用泡沫灭火器前，要注意筒身不宜过度倾斜，以免两种药液混合。使用时颠倒筒身，使两种药液混合而发生化学反应，产生泡沫由喷嘴喷出。

（2）干粉灭火器：使用时先取下喷枪，展开粉管，再抬起进气压杆，使二氧化碳进入贮罐；接着两手持喷抢，枪口对准火焰根部，扣动开关将干粉喷出，由近至远将火扑灭。

（3）二氧化碳灭火器：先将灭火器的铅封去掉，手提提把，翘起喷筒，再将手轮按逆时针方向旋转开启，高压气体即自行喷出。

（4）1211 灭火器：拔出保险销，压下手把，灭火剂即从喷嘴喷出，对准火焰的底部，效果更加显著。

思考与讨论

1．为什么说消防安全问题非常重要？

2．本章中的几个案例，对你有何教育和警示作用？

3．本章所介绍的消防安全知识，你是否已经全面认识、理解和掌握？

4．你以前的行为是否真正注意到了防火和消防问题？

5．你在将来的学习、生活和工作中，应当怎样注意消防安全？

6．除了本章介绍的消防安全知识外，你认为青年学生还应当注意哪些消防安全问题？

7．通过对本章内容的学习，你对消防安全问题有何重要认识、体会和感想？

8．请结合实际深入讨论青年学生注重消防安全问题的重要性、必要性和紧迫性。

9．请以小组、寝室或班级为单位，组织形式多样、丰富多彩的消防安全知识竞赛活动、文艺活动或其他宣传活动。

04

第四章

体育活动安全

本章寄语　体育活动，勿忘安全

我国各类职业院校中的学生，是国家的栋梁和重要建设人才，承担着建设社会主义现代化和实现中华民族伟大复兴的历史重任。他们既需要有较高的政治素质、思想素质、文化素质、业务素质和技术素质，又需要有良好的身体素质。其中，身体素质又是其他素质的前提、基础和保障。

在人的一生中，身体素质的好坏，关键在于青年时期。青年学生在学校通过早操、体育课、课间操和课外活动等诸多方面的体育活动锻炼，能使自己的身体素质、身体活动能力和运动能力、健康能力得到全面发展和提高，从而促进自己的身心健康。与此同时，体育活动还能培养青年学生的兴趣和爱好，使其养成良好的思想品质、道德风尚和行为习惯。因此，积极开展形式多样、丰富多彩的各种体育活动，是现代各类学校教育工作中的一项重要内容。

学生在参加体育活动时，一定要遵循“全面发展、循序渐进”的原则，尊重科学，讲究卫生，注意安全；特别是对于体育活动安全知识的运用，要贯穿于学生体育活动的全过程，以及每一个运动项目的始终。因此，开展体育活动，千万注意安全！

本章着重从总体上介绍一些体育活动安全知识。体育活动的项目很多、内容很多，其具体的安全要求亦各不相同。此外，还有一些新的体育活动项目和内容，会不断地进入广大学生的生活中。因此，对于本书没有涉及的一些体育活动安全知识，请各院校体育教师、体育工作者在教学和辅导的实践中，有针对性地及时向学生介绍和传授。

希望本章所介绍的各种知识，能对全国各地各类院校中的每一位学生在体育活动安全方面都有所帮助！

体育活动安全案例

案例 4–1 不会游泳，溺水身亡

1995 年 8 月 9 日，浙江省××职业中专学校的学生黄××等 3 人相约到海陵大堤游玩。当行至一鱼塘边时，他们即脱衣下塘洗澡，不慎滑入鱼塘约 3 米的深沟，由于他们都不会游泳，结果 3 人全部溺水死亡。

案例 4–2 攀爬球架，不幸砸死

1995 年 5 月 28 日上午，浙江省××市职业高级中学的一名学生（男，19 岁）在课间休息时，走到篮球架下，用手抓住篮球圈向上爬。突然篮球架倒地，篮球圈砸在其胸部，该生当场休克，后在送往医院的途中死亡。

案例 4–3 铅球滚动，砸伤脚骨

1999 年 5 月 8 日，在辽宁省××市中等职业技术学校田径运动会上，运动员李××掷出的铅球落地后滚到场地边王××的脚上，结果造成王××的脚骨骨折。

案例 4–4 动作不对，险些丧命

1999 年 6 月 20 日，山东省××大学一名学生在从高处跳向游泳池时，由于动作不对，其额头和鼻部触及游泳池底部，结果造成额头和鼻部皮肤擦伤出血，险些丧命。

案例 4–5 急救不当，加重伤情

2001 年 4 月 26 日，江苏省××市职教中心的几名学生打篮球时，一名学生不慎扭伤腿部关节，其他几位学生在不懂得急救常识的情况下胡乱拉扯、转动其受伤关节，结果加重了伤情。

体育活动安全知识

1．体育运动要注意哪些事项？

（1）剧烈运动后半小时左右再进餐，饭后 1 小时方可开始剧烈运动。

（2）运动前应做适量的准备活动，如慢跑、快走、跳跃、体操、游戏等。准备活动的

时间一般以 20 分钟为宜，冬季可稍长，夏季可短些。准备活动的强度以全身发暖，微微出汗为准。

（3）剧烈运动后，一定要进行慢跑、步行、深呼吸等整理活动，千万不要立即坐下或躺下。否则，会使血压降低甚至造成暂时性脑贫血，产生如恶心、呕吐、心慌等不良感觉，或者晕倒等。

（4）在室内运动时，应打开窗户通风，保持空气新鲜。

2. 体育课如何预防损伤、伤害事故？

体育课教学内容主要有田径、球类、体操、身体素质练习、游戏、韵律活动和舞蹈等。这些内容是以学生身体活动为主体来实现的。为防止在活动中发生各种损伤或伤害，除了做好准备和整理活动外，还应当注意以下几点。

（1）加强安全教育和监督。认真聆听教师讲的体育室内课、课前导语，还可以通过观看黑板报、阅读有关书籍等方式，了解造成运动伤害的原因、后果和预防措施，掌握自我监督及预防伤害事故的方法，进行科学的体育锻炼。

（2）注意运动环境和条件。在学校体育活动场地条件差、利用马路或其他公共场所进行活动时，更要注意周围的环境，排除易发生伤害事故的因素。

（3）参加体育活动时穿着的衣服要宽松，不应穿着有口袋的制服，身上不要佩戴或携带金属徽章、别针、小刀和其他尖利或硬质物品等。在有条件的情况下，应要求穿运动服和平跟软底鞋。

（4）严格遵守课堂纪律，听从教师安排，克服体育课中打闹、涣散的现象。

3. 体育活动中发生损伤事故怎么办？

在体育活动中，时常发生一些程度不同的损伤事故。按被损伤的性质不同区分，常见的损伤主要有骨折、脱位、闭合性软组织损伤（包括关节韧带、肌肉和肌键扭伤、撕裂和拉伤等）和开放性软组织损伤（如擦伤、刺伤）等。其中，以闭合性软组织损伤最为常见。一旦发生损伤事故，遇事者一定要镇静，在场人员要发扬友爱和人道精神，及时处置。在这一过程中，要注意掌握下列几个原则。

（1）消除紧张和顾虑，积极进行急救。

（2）如有大量出血和休克现象，应首先止血和抗休克。

（3）在不明伤情时，切忌不按急救常识的要求而实施拉、扯、复位等处置，以免加重伤情。

（4）尽快护送到医院。为帮助医生了解受伤经过及病情，应将受伤及急救情况告诉医生。

4. 球类运动如何预防创伤？

从事球类运动发生的创伤，大多是由于跌倒、跳起抢球（或扣球等）落地姿势不正确、急停、冲撞，或因场地不平、过滑而跌倒所引起的。轻者可能仅是一点擦伤，重的可能发生骨折或脱臼。一般最常见的有踝关节韧带损伤和骨折，膝关节韧带或半月板损伤，手指挫伤，以及摔倒时产生的肘关节脱臼等。

预防上述创伤的办法，常见的有下列几种。

（1）要坚持“友谊第一，比赛第二”的方针，树立良好的体育道德作风。

（2）加强易伤部位的准备活动及灵活性练习，如膝关节、踝关节和手指关节等。

（3）注意改进技术。例如，改进接球和跳起后的落地动作，即可避免手指挫伤和踝关节扭伤等。

（4）根据专项运动易患外伤的特点，恰当地安排练习内容和运动量。例如，要避免球类运动员常患的髌骨软骨病，就应该适当减少膝关节负担较重的练习。

（5）遵守循序渐进的原则，学动作由易到难，运动量逐渐增加。否则，由于技术不熟练、疲劳或内脏器官不能适应运动时的需要等，就易发生伤害事故。

5. 投掷运动怎样注意安全？

投掷铁饼、标枪、手榴弹、铅球时，最常见的创伤是错把器械投在投掷区内外的观众、运动员或裁判员身上。轻的皮破血流，重的则可能发生骨折，甚至有生命危险。所以，在练投掷时注意安全是一件不容忽视的事情。

（1）投掷区应用石灰画出明显的界线，严禁在投掷比赛进行时有人通过这个区域。

（2）组织田径比赛时，要将投掷类的比赛场地同其他项目的比赛场地离远些。若场地过小，应调整比赛顺序，单独进行投掷类比赛。

（3）上体育课或进行课外活动时，教师要划分好场地，组织好学生遵守秩序，顺序投掷，不能随意跑动。

（4）在投掷区附近的观众、行人或其他练习的人，要提高警惕。执行任务的裁判员和工作人员，要密切注意投掷的方向和落地地点，千万不能大意。

（5）禁止在非指定地区如宿舍、教室、食堂的屋旁空地练习投掷，否则极易发生事故。

6. 游泳活动应当注意哪些问题？

（1）要结伴而行，最好有懂水性的人一同前往游泳场所。

（2）慎重选择游泳场所，不要在非游泳区游泳和跳水，不要在温度过低的水中游泳，不能在有钉螺蛳的河或池塘内游泳。

（3）游泳前要认真进行体检。凡患有心脏病、高血压、活动性肺结核、传染性肝炎、肾炎、癫痫病、中耳炎、鼻窦炎、腹泻、感冒、传染性皮肤病或有开放性的伤口，都不宜下水游泳。

（4）合理安排运动时间和运动量，游泳时间不宜过长。

（5）入水前做好准备活动，如徒手操、慢跑和模仿游泳动作等练习。

（6）游泳之后要注意清洁卫生，如有淋浴设备，应将身体冲洗一遍。

7. 游泳时发生抽筋怎么办？

抽筋，医学上叫“肌肉痉挛”，一般可分为两类：一类为阵挛性抽筋，另一类为强直性抽筋。前者抽筋常无疼痛感觉，后者一般都伴有剧烈的疼痛感觉。在水中发生抽筋时，一定要保持镇静，然后根据不同情况进行合理解救。大腿抽筋时，游泳者可取仰卧位，用侧手划水，以维持身体平衡；然后迅速举起抽筋的大腿使之与上体成直角，再用另一只手抱住踝关节，用力屈膝，将脚后跟压向臀部。小腿抽筋时，游泳者也取仰卧位，如果是左小腿，可用左手划水，用右手握住左脚的大拇趾，然后将左腿慢慢伸直。当脚趾抽筋时，可马上用拇指和食指捏住人中沟的下部，持续用力20～30秒，痉挛的肌肉即可缓解。经过上述处理之后，痉挛的肌肉一般都可初步缓解，然后用手按摩痉挛的肌肉，待进一步缓解后，再不慌不忙地游向岸边。出水后，可再进行按摩或推拿治疗，以改善血液循环。

8．落水后怎样自救？

人在水中被淹死的主要原因是水进入食道后，使人窒息，缺氧而死；另一种原因是，落水后惊慌失措而立即昏迷，或因冷水强烈刺激而引起喉头痉挛和声带关闭，导致呼吸、心跳停止而死亡。落水后，首先不能惊慌失措，要大声呼救，并憋住气躺在水面上，顺水漂流，等待救援或漂到岸边。其次，要尽量将头部伸出水面，找寻身边有无木板、竹竿等物。另外，当有人游过来救援时，要与之主动配合，不要紧抱救援者，以防“同归于尽”。

9．怎样抢救落水的人？

如果附近有救生圈、竹竿、木板或绳子等，应赶快抛给落水者或携带入水，以便营救。如果落水者距岸边较近，而且在水中挣扎，就要看准目标，两脚前后分开，两手平伸地跳入水中。这种跳法可使救护者的视线不离开落水者，便于营救。如果距落水者较远，就应采取自己最熟悉的入水动作迅速游向目标进行救护。在接近落水者时，最好从其身后接近。接近后，一手应迅速托其腋下，使落水者头部露出水面。若落水者仍继续挣扎，可用臂压住其一臂，而手则抓住其另一臂，使落水者不能攀、抓，然后将其头部托出水面，用反蛙泳（蛙式蹬腿的仰泳）或侧泳带上岸。如果发现有人落水，但是自己又不会游泳，则应当大声呼救，以求别人帮助。

10．远足、登山、野营时应当注意哪些安全问题？

（1）组织活动前应向班主任老师和学校有关负责人报告，并做出活动安排，得到批准后，方可进行。

（2）事先要了解活动所经路线的地理条件，明确注意事项，做到安全第一。

（3）要合理携带行装用具，最好带上拐杖、绳子、指南针、手电筒和风油精。

（4）要互相结伴或组成小组，量力而行，对体弱者要有人照应，限制其行走路程或爬山的高度。身体不适宜参加此类活动的，一定要坚决阻止。

（5）服装要宽松，要穿运动鞋。

（6）雨天路滑、雾天时不要冒失走险路，以免因踩浮土、活动石头或视线不清而失足滑跌。

（7）要注意山林防火，入山不带火，走路不吸烟，更不能在山林野炊，严格遵守山林防火规定。

（8）要防毒虫（蛇）咬及野兽袭击。在树林中穿行，要穿好鞋袜，扎好裤脚，上衣的领口、袖口、衣边要适当扎紧，防止有毒虫类的伤害。最好手拿一根木（竹）棍，既可“打草惊蛇”防蛇咬，也可当拐杖或防护工具使用。

（9）要注意防止迷路，特别是在阴雨或大雾天气。因此，事先最好找个向导同行。

（10）登山时，上山要根据山坡的斜度而向前倾，用脚掌着地用力，步子不要太大；坡度较陡的地方，可以手脚并用攀爬。下山时，身体要正直或稍向后仰，用脚跟着地，身体重心要降低，不要向下跑。如果是集体登山，同学之间、师生之间要相互照顾、相互帮助。

11. 夏天锻炼需要注意什么问题？

（1）别在强光下进行体育锻炼，以免强光中的紫外线损伤大脑神经，产生类似中暑的症状。

（2）锻炼后不要立即洗澡或吹电风扇，以防患伤风感冒。

（3）锻炼后别大量喝水，应适当补充水分。在饮水时，要注意少量多次，否则会引起嗜睡、头痛、恶心、软弱无力和抽筋等。

（4）夏天锻炼最好穿浅色透气的棉麻运动衫裤，以便有效地蒸发汗水。在运动期间不宜频频把身体擦干或换上干衫。

12. 运动出汗后需要注意什么向题？

运动时满身出汗，这是因为肌肉收缩活动频繁，新陈代谢旺盛，体温不断升高，为了使体温维持在一定水平上，就通过泌汗蒸发的方式来散热。这是身体自我调节体温的正常现象。

运动时有大量盐分随汗液排出体外，所以在运动后喝点加盐的温开水是有好处的。运动出汗后千万不能立即洗冷水澡，应用干毛巾擦干身体，最好在歇息一段时间后用热水擦身或沐浴，换上干衣服，以防感冒。

13. 餐前饭后为什么要避免剧烈运动？

受人体生物规律的影响，快到吃饭时，人会产生饥饿感，大脑皮层发出指令，使胃肠道开始分泌消化液，为进餐做准备，而且饭前也是血糖水平较低的时候。这时参加剧烈运动，打乱了生物节律，必然影响食欲；同时，还会出现头昏、心慌、四肢乏力等低血糖症状，甚至在运动中出现休克。餐后，消化系统在全力工作，胃肠蠕动加快，大量分泌消化液，这时血流量向内脏增加。如果饭后马上剧烈运动，必然与消化系统争夺血液，影响消化吸收功能；而且还会兴奋交感神经，抑制调节胃肠的副交感神经，引发胃病；此外，还可能使胃肠在充盈时遭受强烈震动，造成胃痉挛、肠扭转，产生绞痛症状。因此，在饭前半小时和饭后一个小时内，不要做剧烈运动。

14. 运动后能否马上吃冷饮、冰棒？

运动后马上吃冷饮和冰棒对身体是不好的，因为这样做既不符合物理规律，也不符合卫生要求。

物体在热胀冷缩的过程中，如果温差变化很大而又剧烈，将会导致其损坏，如往刚装过开水的玻璃杯中放一块冰，就会引起杯子炸裂。人体也一样，当长时间运动后，体温会升高到 39℃以上，如果在体温尚未恢复到正常体温 37℃左右之前，马上吃冷饮、冰棒，胃肠道虽然不会像玻璃杯那样发生炸裂，但却会遭到很大损坏。一是容易导致胃肠道功能紊乱，久而久之，就会产生腹胀、腹泻和消化不良等各种疾病。二是容易引起腹痛，甚至出现肌肉痉挛，严重者会出现绞痛。此外，在剧烈运动时，咽喉部位的黏膜处于充血状态，运动后马上吃冷饮或冰棒，易引起咽喉疼痛或声音嘶哑现象。

15. 运动时肚子疼怎么办？

有的人运动时会发生肚子疼，以为自己患了阑尾炎，很担心。其实，这种担心是没有根据的。运动时的肚子疼，一般不会持续很长时间，只要用手揉压一会儿就会逐渐消失的。有时不去管它，适应一会儿也会消失的。加深呼吸也可使肚子疼得到缓解。为了预防运动时肚子疼，首先要在运动前充分做好准备活动，不要在运动前吃得过多，更不要喝一肚子水。如果经过上述处理仍不能解除肚子疼，就要停止运动，请医生检查。

16. 鼻子出血怎样救治？

如果是由于火气过大发生鼻子流血，可将头向后仰（可坐在椅子上，头后部放在椅背上），在鼻部放置冷水毛巾，并在后颈部用冷水轻拍。如果在体育比赛中，鼻部受到器械碰撞或与他人相撞，使血管破裂，则须暂时用口呼吸，以免用鼻呼吸使出血程度加重。如果出血还不停止，可将凡士林纱布卷塞入出血的鼻腔内。这样做，一般来说可以很快把血止住。但是，无论哪种情况，千万不能用烂布脏布堵塞鼻孔。

17. 腰部扭伤时怎么办？

搬卸重物不小心，或者参加体育活动时某些动作不协调或姿势不正确，往往容易扭伤腰部。处理方法和原则如下。

（1）受伤后别硬撑着坚持劳动和学习，应仰卧于硬板床上好好休息。床上垫一厚被，腰下垫一软枕，可减轻疼痛和缓解肌肉痉挛，同时可配合其他疗法。轻者一般两三天可以治愈，重者则需要卧床两三周。疼痛剧烈时可以用止痛剂止痛。

（2）腰部扭伤的当天不要热敷和推拿，以免局部血管扩张，那样容易发生渗血和加重水肿。过 24 小时后局部可以热敷、推拿按摩、针灸或拔火罐治疗等。

18. 踝关节扭伤时怎么办？

学生在参加体育活动或从事其他活动时，有时会发生踝关节扭伤的事故。当踝关节内翻超过踝关节正常活动范围时，就会发生韧带扭伤或者撕脱、断裂，严重者还会发生骨折。

轻度扭伤者，待剧痛过后，可活动脚踝，以脚尖作为支点，分别按顺时针方向和逆时针方向轻轻转动，稍加活动后还可行走，但局部疼痛可能还会持续好几天，可用伤湿止痛膏贴敷。严重扭伤者应立即停止体育活动，将伤脚垫高，用冷水或冰块进行局部冷敷，以减轻疼痛和皮上渗血，伤后 24 小时内不要按摩、推拿伤处，也不要用热水敷或洗澡，否则会加重渗血肿痛，24 小时后可以按摩、热敷治疗或用正骨水等擦抹。

如果伤脚疼痛肿胀严重，出现明显皮下渗血或内翻畸形，则要考虑是否骨折，应及时去医院照 X 光片以便确诊，对症治疗。

此外，在体育锻炼之前，务必要做好准备活动，以免拉伤、摔伤和扭伤。

19. 怎样对待脚扭伤？

脚扭伤多发生于奔跑、下台阶或其他剧烈活动时，由于关节用力不均、过猛，造成关节不正常扭转，损伤了踝关节周围的组织。脚扭伤后关节局部青紫肿痛，活动受限，此时应减少患脚的活动。较微扭伤不需要特殊处理，可在扭伤部位用冷水敷或外用一些红花油等。如局部肿胀疼痛明显，应卧床休息，抬高患肢，以利消肿，可去医院做外敷中药等治疗或用白酒调七厘散外敷后用纱布包扎好，扭伤一天或两天后才能用热毛巾或热水袋热敷。如果扭伤导致脚外形改变，应速到医院检查治疗。另外，有时在一处关节反复发生扭伤现象，这时应寻找原因，并可在鞋底外侧后半段钉一片胶片，将鞋底垫高 0.5cm 左右，以保护韧带。

20．运动中受伤，自己怎样包扎伤口？

如果受了外伤，常常需要用三角巾、绷带或手巾、布类等把伤口包扎起来，防止细菌侵入伤口，引起伤口发炎化脓。

包扎伤口时应做到“快、准、轻、牢”四个字，即包扎动作迅速敏捷；包扎部位准确无误；动作轻巧，打结时避开伤口，以免增加疼痛和出血；包扎要牢靠，松紧要适宜。

21．参加轮滑运动时应当注意哪些事宜？

轮滑运动是学生喜爱的新兴运动项目。由于该运动项目的速度快、技术难度大等原因，学生在运动时容易受伤。为了确保安全，参加轮滑运动时应当注意以下几点。

（1）充分做好准备活动，各关节部位都要活动开。

（2）选择平整且游人较少的场地，不要在交通繁忙的公路上做轮滑运动。

（3）佩戴头盔、护肘和护膝。

（4）运动时，身体重心要低，随着左右脚支撑蹬伸，及时转换移动身体重心，两手臂自然摆动，调整身体平衡。

（5）弯道滑行时，内侧脚一定要压住重心，身体稍内倾，外侧臂摆动幅度要稍大。

（6）一旦失去平衡，身体要有意识地向前倒，用双膝触地，同时两手臂要积极撑地缓冲。

22．女生在月经期参加体育锻炼时应当注意哪些问题？

（1）健康状况良好、月经正常的女生，可参加一些运动适中的体育活动项目。

（2）不要做过度增加腹压的运动。

（3）月经初潮、月经周期尚不稳定的女生，应停止锻炼。

（4）有痛经、月经过多疾病的女生，应停止锻炼。

（5）不宜参加游泳等项目的活动。

23．青年练习冬泳时应当注意什么问题？

（1）冬天气温低，下水前要做好充分的准备活动，用水擦洗四肢、头部和胸部等，使身体适应水温后再下水。

（2）水中游进的时间不宜过长。下水后游了一段时间，自我感觉在水中没有冷的反应，不觉得水冷，感觉较舒服时应及时上岸。一般来说，随着水温的降低应当逐渐减少运动量。在 5℃以下的水中可游 1～5 分钟。如果以划臂次数来衡量运动量，在 5℃左右的水温下，划臂 40～50 次；在 5～10℃的水温下，可增加到 100 次。但对青年冬泳爱好者来说，在水中游进的时间还要更短一些。因为一方面，青年的体温调节能力较差；另一方面，青年的皮下脂肪较少而体表的相对面积较大。

（3）冬泳上岸后，应立即用干毛巾擦干身体，穿上衣服，再进行一些体育活动，使身体尽快回暖。

（4）冬泳最好选择中午前后。因为这时的气温高，尤其是在日照下，人体无论在水中还是出水后都感到比较舒服。

（5）冬泳锻炼消耗热量大。因此，冬泳前后可吃一点巧克力，饮食上要多吃肉、蛋、蔬菜等食物。

（6）游泳技能稍差的应结伴而去，以便互相帮助。

24．冬泳的七大危险与对策是什么？

冬泳可以增强体质，预防多种疾病的发生，使人体皮肤、神经系统、心血管系统、呼吸系统的功能得到加强。但是，如果运动方式、方法不当，也会给人带来很大的危险。

下面介绍的七大危险与对策，是保证冬泳安全的“秘诀”。

危险一：冬泳易患感冒，重者会导致病毒性心肌炎。

对策一：坚持每天早晚用冷水洗脸擦身，促进全身血液循环，提高鼻黏膜对寒冷刺激的抵抗力。

危险二：冬泳消耗体力大，易出现低血糖反应，重者导致低血糖休克。

对策二：冬泳时可以随时补充一些含糖（碳水化合物）较多的食物。

危险三：冬泳如在饭后立即进行，易发生腹痛和腹泻。

对策三：将冬泳时间安排在早晨或者下午，离吃饭时间远一些。

危险四：冬泳前喝酒易出现水中昏迷窒息，冬泳后喝酒易刺激心脏而发生意外。

对策四：在冬泳前后不要饮酒。

危险五：冬泳后骤然走进高温屋中或者烤火，会导致关节炎和其他疾病的发生。

对策五：出水后立刻将衣服穿好，做些适当的运动使身体暖和。

危险六：冬泳前的准备活动如果不充分，易发生抽筋，重者会导致淹溺。

对策六：入水前做好充分的准备活动，游泳时先立于水中洗脚洗头，并撩水浇身，最后再全身入水。

危险七：江河中如果有冰凌，冒然跳入水中或潜泳，有可能被冰凌扎伤。

对策七：冬泳时不要“扎猛子”或草率潜水。

25．登山活动有何益处？

近几年来，登山对人体的作用，已被愈来愈多的人们所认识；登山运动已成为一项人们喜爱的体育活动。在美国和俄罗斯宇航员的训练科目中，登山技术被列为必修的课程之一。

参加登山活动益处很多。登山活动能够显著地提高人体内脏器官的功能，能使人体心跳加快，血液循环畅通，造血机能提高，红细胞和血红蛋白增多，营养条件改善。此外，还可以培养和锻炼人的意志和品德，改善人的精神状态。

思考与讨论

1．为什么要注意体育活动安全？

2．本章中的几个案例，对你有何教育和警示作用？

3．本章所介绍的体育活动安全知识，你是否已经全面认识、理解和掌握？

4．你以前的体育活动行为是否真正注意到了体育活动安全问题？

5．你在将来的学习、生活和工作中，应当怎样注意体育活动安全问题？

6．除了本章介绍的体育活动安全知识外，你认为青年学生还应当注意哪些体育活动安全问题？

7．通过对本章内容的学习，你对体育活动安全问题有何重要认识、体会和感想？

8．请结合实际深入讨论青年学生注重体育活动安全问题的重要性、必要性和紧迫性。

9．请以小组、寝室或班级为单位，组织形式多样、丰富多彩的体育活动安全知识竞赛活动、文艺活动或其他宣传活动。

05

第五章

实验、实训、实习安全

本章寄语　务必注意实验、实习安全

实验室是学校进行实验教学和科学研究的场所，也是学生根据所学理论知识进行实际操作的场所；实习场所是学校进行实践教学的场所，也是学生将所学专业知识、专业技术和专业技能应用于工作实践的场所。对于一些实际操作技能要求较高的专业或学科来讲，进行实验、实习，是对学生进行专业技能教育和培养，向学生传授实践经验的重要环节。因此，在我国各类职业院校的各专业教学中，都把实验、实习内容列入整个学校的教学计划之中，并且都给予高度重视。

随着各院校教学设备的不断完善和日益现代化，以及实验教学和实践教学内容的逐步增多，各种仪器设备和实验、实习场所已越来越多。但是，由于不少仪器设备的操作具有很强的技术性，加之有些实验物品易燃、易爆或具有腐蚀性，有的甚至还会产生毒性或放射性，再者有的实习场所常常存在一些不安全的因素，因此学生在实验、实习过程中常常会发生一些意想不到的中毒或伤害事故。这就要求广大青年学生，一方面必须按照实验、实习的具体操作规程和教师的指导去操作；另一方面，还必须具有强烈的安全意识，时刻注意安全，在实验、实习过程中坚决杜绝各类事故的发生。

概括而言，为了确保实验、实习安全，必须切实做到“十防”：防火、防爆、防磁、防电、防伤、防噪、防毒、防病菌、防腐蚀、防放射性辐射。只有这样，才能确保各种实验、实习任务顺利完成，才能确保不会发生任何事故。

希望本章所介绍的各种知识，能对全国各地各类职业院校中的每一位学生在实验、实习安全方面都有所帮助！

实验、实训、实习安全案例

案例 5-1　缺少通风设备，造成多人中毒

山东省××市成人中专学校有一座化学实验室，设施简陋，没有安装进行化学实验时所必需的通风设备，室内微小的气体循环也不畅通。1990 年 6 月的一天，一个班级的学生在上化学实验课。他们在该实验室做有毒化学实验，不久之后即有一名学生发生不良反应，感觉不适，但并没有引起大家的注意，没想到这是有毒气体中毒。继而，又有几名学生有同样的反应，直到最后，共有 15 名学生中度中毒，多数学生和化学教师轻微中毒。这时，他们才意识到是有害气体中毒了。事情发生后，他们被及时送往医院抢救、治疗，最终中毒学生和教师全部脱险。

案例 5-2　发现问题早处理

1994 年春季，山东省××专科学校的学生赵××和刘××在实验室做实验时，以低沸点汽油作为光焰光度计的燃料，将低沸点汽油放在 6 个 10L 容积的玻璃瓶中，以玻璃管和胶管相连接，用气泵向其中通入纯净的空气。空气连续通过玻璃内的汽油液层，接着使混有汽油的空气进入玻璃缓冲瓶，经过滤器与试样溶液混合后，喷火燃烧。做实验的学生发现后，立即关闭了气阀，才避免了一场火灾事故的发生。

案例 5-3　实验爆炸伤多人

1997 年 12 月的一天，山东××学院的学生王××在做化学实验时，使用玻璃真空干燥器进行真空相对密度的测定。由于玻璃真空干燥器抗压强度过低而在测定中爆炸，干燥器内的试剂瓶全部被击碎，玻璃碎片飞满实验室，将 1 米范围内的 3 个三角瓶全部击碎，致使 40 多人严重受伤。

案例 5-4　不慎触电被烧伤

1999 年夏季的一天，山东省××工业学校的学生夏××在做化学实验时，用电炉加热盛碱的烧瓶，烧瓶突然炸裂，碱液全部洒在电炉上。由于其带电抢救，结果造成严重烧伤。

案例 5-5　实习学生致手残，法院判赔十四万

1999 年 9 月 11 日，山东省××职业中专学校的学生冯××被学校安排在××大酒店洗衣房实习时，不慎被烫干机将其右手烫压成重伤。经住院治疗，冯××的右手拇指被截去一节，其余四指全被截掉。后来，他将学校和酒店告上法院。济南市槐荫区法院作出一审判决，判令××大酒店赔偿冯××各项损失共计 14 万元。法院认为，冯××在实习期间受伤致残，性质为工伤，相关待遇应参照劳动部有关法规执行。

案例 5–6 由于操作错误，大学化学实验楼爆炸

2001 年 11 月 2 日 13 时 17 分，广东××大学教师崔××、邓××和研究生康××正在一幢 12 层高的化学实验楼内进行一项重点项目的化学实验。由于操作错误，结果实验室的一个高约 2m、直径 8cm 的玻璃容器发生爆炸，致使该楼三四层一侧被烧得焦黑，一至五层共有 20 扇窗户被震碎，造成 5 人受伤。其中，教师邓××、崔××被严重烧伤。

实验、实训、实习安全知识

1. 实验中使用浓酸、浓碱须注意什么？

（1）如果碱溶液沾到皮肤上，应立即用较多清水冲洗，再涂上硼酸溶液。

（2）注意保护眼睛。万一不小心碱溶液溅到了眼睛里，切不可用手揉眼，可用大量的流水冲洗，洗的时候要眨眼睛，同时向教师报告，必要时送医院治疗。

（3）浓酸洒到了桌子上，可向酸中加适量碳酸氢钠溶液，直到不产生气泡为止。然后，再用清水冲洗桌子，用抹布擦干净。

（4）如果桌上洒了碱溶液，应立即加上适量稀醋酸，再用清水冲洗，用抹布擦干净。

（5）如果浓硫酸洒在皮肤上，千万别用水冲洗，要先用布擦拭干净，再用水冲洗，然后涂上 3%～5%的碳酸氢钠溶液，不要乱揉捏。

2. 化学实验中怎样安全使用酒精灯？

（1）首先检查灯芯，如顶端不平或已烧焦，则要剪去少许。

（2）检查灯壶里有无酒精。如果没有酒精而需要添加，则应借助小漏斗，以防洒出，但是不要装得太满，以 2/3 为宜。

（3）千万不能燃着添加酒精，以免失火。

（4）绝不能用另一已经燃着的酒精灯点火。

（5）不用时，必须用灯帽盖灭。千万不能用嘴吹灭，以免引起灯内酒精燃烧发生危险。

（6）使用时要千万小心，不要将灯碰倒。万一酒精洒在桌上而燃烧，千万不要慌忙，可立即用湿抹布扑盖或撒沙土扑灭，但是不能用水去浇。

3. 贮存化学危险品时要注意什么问题？

（1）贮存时按化学性质不抵触和火灾扑救方法相同的原则，分类贮存。因摩擦撞击而容易发生火灾危险的强氧化剂，堆垛高度不得超过 2m。

（2）受热或遇水燃烧的化学危险物品，不得露天存放。遇水燃烧的固体，不得存在低洼及破漏的建筑物内。

（3）堆与堆之间、走道、楼梯间、出口处，应保持畅通，不得堆积杂物。

（4）不得在贮存场所进行生产、试验、分装成品或封焊等操作。

（5）在贮存场所禁止使用能打出火花的工具，应使用铜合金或铜质工具进行操作。

（6）仓库保管员在关闭库房前，应对库房进行防火安全检查，并切断库内电源。

（7）在专门库房门外，应明显标出物品名称、性质及火灾扑救方法和注意事项。

4．化学实验中应怎样预防火灾及爆炸？

（1）在点燃可燃性气体前，必须先检验纯度。
（2）做易燃易炸气体实验时，一定要远离火源，并保持室内空气流通。
（3）对易分解产生爆炸的试剂，要现用现配制，不宜贮存备用。
（4）在收集乙炔、乙烯气体时，不能用排气法，要采用排水取气法，以防爆炸。
（5）妥善处理反应后的残余物。废酸液、废碱液应慢慢倒入废液缸中，但是残余的金属钠千万不能倒入。

5．化学烧伤如何自救？

学生在做化学实验时，千万注意不要让酸、碱溅入眼睛，因为其腐蚀作用极快，尤其是氨水、生石灰等物，往往在几分钟内即可渗透到眼睛深部，引起严重后果。

为了挽救受伤的眼睛，必须争分夺秒，在最短时间内洗掉，不能等待别人送医院而坐失自救机会。事实上，常常有不少人因贻误自救机会而失明，最终后悔莫及。

自救的方法是就近取净水充分冲洗伤眼，最好用水盆冲洗，多次换水。将脸浸入水中，用手把上眼皮使劲扒开，同时用力睁大眼睛，头在水中左右晃动，使进入眼睛里的酸或碱性物质迅速被水冲掉，冲洗一定要彻底，一般至少要冲洗 10 分钟左右，然后再到医院去做进一步的处理，切不可掉以轻心。

6．化学药品中毒后如何自救？

（1）碘酒中毒：首先，要立即喝下大量米汤或面糊。然后，用筷子刺激咽喉以催吐，吐出蓝墨水样物，直至颜色逐渐变浅。最后，喝下稠米汤、烂米粥或蛋清，以保护胃黏膜。

（2）农药中毒：如果皮肤染毒，可用大量清水冲洗，再用小苏打水或肥皂水冲洗；如果误食有机磷农药中毒，除催吐、洗胃外，还应迅速送医院抢救治疗。

（3）高锰酸钾中毒：用大量温开水或用 0.5%木炭悬液反复洗胃与催吐。洗胃后，可将 10～20 片（每片 100mg）维生素 C 捣碎溶于 100ml 水中饮服；同时，饮用鸡蛋清、牛奶、藕粉糊、米粥、面汤等保护胃黏膜的食物，并采用硫酸镁 25g 温水溶后一次饮服，以导泻排毒。

（4）煤油、汽油中毒：内服牛奶或大量豆浆，并立即催吐，然后用鸡蛋 2～3 个取蛋清服下。当然也可口服适量的鱼肝油，以延缓煤油或汽油在肠道的吸收。

（5）砒霜中毒：除迅速催吐外，可灌服温水、生理盐水，用 1∶2000～1∶5000 高锰酸钾液（或 1%碳酸氢钠溶液）200～300ml 洗胃。催吐、洗胃可以反复进行多次。洗胃后要用 0.5%活性炭悬液 200～300ml 或用烧焦的馒头末溶液导泻，以吸附除去胃内残余的砷化物。此外，还可以煮点甘草绿豆汤喝，它有一定的解毒功效。如果服药后时间超过 4 小时，则洗胃的时间宜更长、次数宜更多，导泻可用蜂蜜水、硫酸镁（20～30g，水冲服）等。

7．一氧化碳中毒后怎样进行现场急救？

一氧化碳中毒以急性中毒最为多见。急性中毒有三种不同程度的表现。
（1）轻度中毒：头痛、头昏、恶心、呕吐、全身疲乏等。

（2）中度中毒：除上述症状加重外，还可出现面颊、前腿及大腿内侧呈樱桃红色，烦躁，呼吸困难，心率加快，意识朦胧，甚至大小便失禁，以至昏迷。

（3）重度中毒：常出现昏迷、肌肉痉挛和抽搐。这种中毒经常会出现一些并发症，如肺水肿、中毒性脑病、心力衰竭、心肌炎和酸中毒等。

慢性中毒会出现头痛、头昏、失眠、四肢乏力、注意力不集中等现象，也会引起心血管系统疾病。

轻度中毒不需要什么药物治疗，只要迅速离开现场，或者立刻打开门窗，中毒症状就能很快消失。

中度中毒后，应立即将患者移到空气新鲜和温暖的地方，敞开衣服，保持呼吸道通畅，以尽快吸入新鲜空气；若条件允许，应迅速给氧，以加速碳氧血红蛋白分离与排出。

发生重度中毒后，除按中度中毒急救外，应迅速就近送医院抢救、治疗。

8．实验室发生火灾时怎么办？

（1）迅速扑灭火源。不能用水扑救，要用黄沙盖灭，如果着火面积太大，就要选用灭火器灭火。

（2）防止火势扩大，迅速移走一切可燃物，关闭电源，切断电路，停止通风。

（3）若衣服着火，切勿乱跑、乱扑打。可用湿的厚外衣或石棉布压灭火焰，或躺在地上打几个滚，使火熄灭。

（4）学习使用灭火器，化学实验室常备泡沫灭火器和干粉灭火器，上有说明，简单易学。

（5）火势太大则须打火警电话，请消防队来灭火。

9．制造和使用易燃物品时如何保证安全？

（1）在制造、使用易燃物品的建筑物内，电气设备应是防爆的，室内装置必须符合防火要求。这类建筑物一般不得少于两个出入口，门窗要向外开。

（2）车间、实验室内存放易燃物品的数量不得超过一昼夜的用量，不得放在过道上，也不得靠近热源及受日光暴晒的地方。

（3）制造和使用易燃液体、可燃气体时，禁止使用明火蒸馏或加热，应使用水浴或蒸气浴。

（4）气体钢瓶不得放在热源附近，或在日光下暴晒，使用氧气时禁止与油脂接触。

（5）经易燃液体浸渍过的物品，不得放在烘箱内烘烤。

（6）易燃物品的残渣（如钠、白磷、二硫化碳等）不准倒入垃圾箱、污水池或下水道内，应放置在密闭的容器内或妥善处理。沾有油脂的抹布、棉丝、纸张，应放在有盖的金属容器内，不得乱扔乱放，防止自燃。

（7）生产或实验结束后，要将工作场所收拾干净，关闭可燃气体、液体的阀门，清查危险物品并封存好，清洗用过的容器，断绝电源，关好门窗，经详细检查确保安全后，方可离去。

10．化验室有哪些因素容易导致火灾？

（1）一般化验室都有很多化学试剂，虽然数量不大，但种类繁多，不容易存储保管，一旦发生火灾，很容易扩展蔓延。

（2）以焦炉煤气、液化石油气为燃料的化验室，由于法兰接头、仪表、灶具跑气，遇明火易发生爆燃。

（3）在化验过程中，使用易燃液体试剂，能挥发可燃气体，达到爆炸浓度时，遇明火会发生爆炸。

（4）将电炉、熔烧炉、烘箱等置于可燃基座上或靠近可燃物，以及使用不慎等，都会造成火灾。

（5）电气设备型号与使用环境不符合，或因年久失修设备绝缘老化、腐蚀，会形成短路而引起火灾。

11．化验室应采取哪些防火安全措施？

（1）化验人员应熟悉各种化学试剂的名称、性质和使用、保管方法；掌握化验过程中的操作程序和方法，以及化验室内各种仪器、仪表等设备的性能。

（2）在操作过程中，要按规定严格控制温度、时间和试剂用量，以防发生事故。

（3）在化验室内各种易燃、易爆、剧毒和腐蚀性的试剂，存量不应过多，要严格按照领取手续办理，登记造册，分类存放，防止丢失。

（4）性质相抵触的化验项目（如散发可燃气体与用火操作）应分开进行，防止发生火灾。

（5）对各种设备和仪表，应经常检查、调试，防止仪表失灵而发生事故。

（6）所有电气设备，按电力技术规范的有关规定，设备类型与使用环境要一致，并经常检查，发现问题要及时解决。

（7）每次操作结束，应将试剂收好，工作台面、地面要擦拭干净，防止残留渣、液引起事故。下班时要切断电源，关闭燃气管道，将门窗上锁。

12．实验室静电有何危害？其防治方法有哪些？

静电是由不同物质摩擦或接触引起的。例如，实验过程中的喷溅、流动、穿脱衣服、行走等，均可产生静电。

静电有相当大的危害性。静电放出的电火花，可以引起大火或爆炸；人接触带电体或带电的人接触接地的物体，会引起放电而遭电击。

遭电击轻者有麻痛感，重者则导致肌肉僵直、呼吸困难，甚至还会引起心室颤动等。

静电的防治方法主要有以下几种。

（1）将带电体和大地连接，使它和大地等电位。

（2）避免使用高度绝缘的电阻材料。

（3）用极性相反的电荷中和绝缘体上的静电。

（4）穿用导电橡胶制作的防静电鞋，禁止穿带金属铁钉鞋。

（5）不得穿着容易产生静电的服装。

（6）在易爆实验室进行实验时，室内遮光线的窗幔不宜用化学纤维织物缝制。

（7）擦拭地板，要在实验开始之前或实验结束后进行。

13．实验室怎样才能做到安全用电？

（1）实验之前，要仔细检查供电线路是否符合安全用电的规范要求，发现问题应及时处理。

（2）学生不要用湿手操作各种电器开关或触摸各种用电器，不要赤脚，最好穿胶底鞋进入实验室。

（3）更换熔丝时，不得使用超过规定的熔丝，更不能用铝、铁、铜质导线来代替熔丝。

（4）如遇用电器着火，应立即切断电源，并用沙子或干粉灭火器扑灭。

（5）如果发生人身触电，应立即切断电源，及时进行人工呼吸，必要时送医院救治。

14．实验时如何预防割伤、烧伤或烫伤？

实验中如果使用玻璃仪器不慎，很可能会发生割伤；对加热、灼烧操作不当，很可能会发生烧伤或烫伤。

为了预防不应有的割伤、烧伤和烫伤发生，学生应注意做到以下几点。

（1）使用玻璃仪器时，一定要轻拿、轻放，防止碰击。

（2）通电的电热器不要随意搬动；放在液体里的电阻丝，当电源接通时，不要从液体中取出。

（3）用电炉加热，容器中的液体不可装得太满，以免易燃品溢出落在炉上燃烧。

（4）在做有关水的沸腾等实验时，不要使蒸汽出口对着人体。

15．割伤后怎样救护？

割伤后，伤口周围会有很多污物、血块，所以首先要用清水将脏物彻底清洗干净，然后用凉开水冲洗局部，涂些红药水，最后用干净布料、手绢敷盖。如果伤口处出血量大，可用手指压住伤口两侧边缘，血管受压后会中断血流。如果伤口在四肢部位有大血管破裂，出血很多，则应立即找些橡皮管、布带或绷带在大腿根部或上肢腋窝处勒紧止血，但不能用电线、细绳子。上止血带前，要把受伤肢体抬高。在送病人去医院时，要记住上止血带的时间。伤口内如有异物，大而易取的可酌情取出，深而小又不易取的异物或刺入体腔及血管附近的异物，不要勉强取出，待到医院手术取出。

16．实验室噪声过大怎么办？

噪声是一种看不见、摸不着的祸害。

在实验室中，一切不规则或随机的声信号、电信号，都称为“噪声”。

噪声高于60dB（分贝）时，对身体健康会带来危害，轻者会引起头昏、神经衰弱，重者可以造成耳聋，诱发心血管疾病。所以，噪声是一种应予重视的污染。

根治噪声最有效的措施，就是控制声源。例如，调整平衡，在摩擦处加润滑油，安装消声器等。噪声的个人防护，主要是用声衰减材料制成耳塞等护耳器或戴头盔，以降低噪声对人耳的刺激。

17．预防中毒的措施有哪些？

在实验过程中，有时要接触和使用一些有毒的物质。这些物质一旦进入人体，将会引起人体功能发生障碍，并且能导致各种疾病的产生，甚至危及生命，这就叫做“中毒”。为了预防中毒，应采取下列措施。

（1）在进行产生有毒气体的实验时，应尽可能密闭化，不使有毒气体逸出。

（2）工作时要穿好防护服，戴好防护眼镜、防毒口罩或防毒面具。

（3）防毒用品平时与生活用品要严格分开存放，以免污染扩散。

（4）不要用日常生活器皿盛放化学药品。

（5）不要把橡皮管或玻璃管直接放在口里吹吸，如有必要，则要对管口进行消毒处理。

18. 实验室怎样预防菌类感染？

学生在做生物实验或生化实验时，常常会接触细菌和微生物，如操作不慎，很容易感染致病。因此，要注意做好以下预防感染工作。

（1）做此类实验时，要穿上隔离衣，戴好卫生帽、卫生口罩和胶皮手套。

（2）在做解剖实验时，要尽量借助仪器操作，不要用手直接接触解剖材料，必须用手时，一定要剪短指甲；若手有外伤，则不能进行解剖操作。

（3）在做微生物学实验时，要小心仔细，严格按操作规程进行。遇到盛菌试管或瓶不慎打破、皮肤破伤或菌液吸入口中等意外情况时，应立即报告老师，及时处理，切勿隐瞒。

（4）解剖实验所切下的残渣，应集中起来埋掉或烧毁，不要随地乱倒。

（5）每次实验完毕后，都必须把所有仪器抹净放妥，将实验室收拾整齐。如有菌液污染桌面，可用3%来苏尔液或5%石炭酸液覆盖其上，待半小时后擦去。凡带菌之工具（吸管、玻璃棒等）在洗涤前，须浸泡在3%来苏尔液中进行消毒。

（6）每次实验需要进行培养的材料，应标明自己的组别及处理方法，放在老师指定的地点。实验室中的菌种和物品等，未经老师许可，不得携出室外。

（7）离开实验前应将手洗净，并对所有防护用具做消菌处理，定点存放。

19. 实验室里的放射性危害有哪些？应怎样防护？

一般的院校实验室，都不经常进行放射性物质实验。由于实验技术的发展和科学研究的需要，放射性物质势必会迅速而广泛地进入各院校实验室领域。

放射性对人体的伤害很大，它可以破坏人体内的蛋白质、酶和碳水化合物的化学键，进而影响生命活动的机制。

为了防止放射性危害，应采取下列措施。

（1）尽量缩短接触放射性物质的时间和与放射源之间的距离，这是防止放射性伤害的有效措施。

（2）放射源应置于固定存放地点并加铅室屏蔽保护，用后应立即归还原处。

（3）任何形式封装的放射源，均不能用手直接接触，应使用专门的镊子、托盘等取源，用毕应归还原处。

（4）操作时，学生应穿戴防护手套、防护口罩和铅防护服，操作结束后应立即冲洗干净。

（5）放射性液体源需要在通风柜中操作，粉末态放射源则应在手套箱中操作。

（6）若遇有放射源跌落、封装破裂等意外事故发生，则应及时报告。

20．实验完毕，怎样拆卸仪器才是安全的？

实验完毕，应及时拆卸实验装置。在拆卸时，应按一定的顺序来进行，且要细心操作，以免损坏仪器和造成伤害事故。

（1）在拆卸玻璃管时，一定要小心，不要使玻璃管折断而扎伤手。所以，当从塞孔中拔出玻璃管时，应垫上软布，用手捏住玻璃管在靠近塞孔处转动着拔出，千万不能把玻璃管的弯角处当把柄来转动或硬往外拔。一旦扭断、拉断玻璃管，将会造成割伤事故。若玻璃管拔不出，则要在露出塞孔短的那端抹上点清水或肥皂水，然后再把管口的断面顶在桌面或木板上，使导管垂直于桌面，用一只手的拇指和食指夹持住塞子，另一只手的拇指用力往下压推塞子，这样即可拔出。

（2）在拆卸制取有毒气体的实验装置时，应在通风橱内进行。

（3）当拆卸用加热法制取气体并用排水集气法收集气体的装置时，应先把气体导管从水中取出，再停止加热，以防水倒吸炸裂试管，待受热的仪器（烧瓶、试管等）冷凉后再进行拆卸。

21．在实习生产中哪些行为属于不安全行为？

（1）操作错误，忽视安全，忽视警告。例如，未经许可而开动、关停、移动机器；开动、关停机器时未给信号；开关未锁紧而造成意外转动、通电或漏电；忘记关闭设备；忽视警告标记、警告信号；操作错误（指按钮、阀门、扳手、把柄等的操作）；奔跑作业，供料或送料速度过快；机器超速运转，违章驾驶机动车；酒后作业，客货混载；冲压机作业时，手伸进冲压模，工件不牢固，用压缩空气方式吹铁屑等。

（2）造成安全装置失效。例如，拆除了安全装置或安全装置堵塞，失去了作用，调整错误造成安全装置失效等。

（3）使用不安全设备。例如，临时使用不牢固的设施，使用无安全装置的设备等。

（4）用手代替工具操作。例如，用手代替手动工具，用手清除切屑，不用夹具固定，用手拿工件进行机械加工，物体（指成品、半成品、材料、工具、切屑和生产用品等）存放不当等。

（5）冒险进入危险场所。

（6）攀、坐不安全位置。

（7）在必须使用个人防护用品、用具（护面镜、防护手套、安全帽、安全鞋、呼吸护具、安全带等）的作业场合中忽视其作用。

（8）不安全装束。例如，在有旋转零件的设备旁作业时，穿过大的服装，操纵带有旋转部件的设备时戴手套等。

（9）不听从实习指导老师的安排和指挥。

22．在实习生产中哪些不安全状态可拒绝生产作业？

（1）防护、保险、信号等装置缺乏或有缺陷。

（2）设备、设施、工具和附件等有缺陷、设计不当、结构不合安全要求，通道门遮挡视线，制动装置有缺陷，安全间距不够，拦车网有缺陷，工件有锋利毛刺、毛边，设施上有锋利倒棱。

（3）强度不够。例如，机械强度、绝缘强度不够，起吊重物的绳索不合安全要求。

（4）设备在带“病”、超负荷等非正常状态下运行。

（5）维修、调整不良。例如，设备失修，地面不平，保养不当，设备失灵等。

（6）个人防护用品、用具缺少或有缺陷。

（7）生产场地环境不良。例如，光线不足，通风不良，作业场所狭窄、杂乱等。

（8）交通线路的配置不安全，操作工序的设计或配置不安全，地面滑，地面有油或其他液体，冰雪覆盖，地面有其他易滑物等。

23. 在校外实习应怎样注意安全？

（1）每个实习组（队）进行编组时，最好男、女生混合编组，每组（队）指定专人负责安全工作。禁止一人单独进行野外实习。

（2）不论在何单位实习，都应当服从该单位的领导，虚心向技术人员、工人师傅学习，不得违反该单位的各项规章制度。要严格按照操作规程操作，坚决防止损坏仪器、仪表及机械设施，防止发生人身伤亡事故。

（3）每到一个实习地，要注意了解当地治安情况及风俗习惯，并针对可能发生的问题采取切实可行的预防措施。

（4）注意保管好各类重要资料（图纸），防止丢失和泄密。

（5）注意防火、防盗、防事故。

24. 在实习单位进行机械操作时要注意什么？

机械操作，省时省力，但是如果疏忽大意，也会造成无可挽回的严重后果。因此，必须注意以下几点。

（1）学生参加生产劳动，若接触机械（车、铣、刨、磨、钻、机床等），必须经过技术及安全知识考试。合格后，方可上岗，并在工人师傅的监护带领下进行工作，不可独立操纵机械设备。

（2）上岗前要按工种要求穿戴工作服、工作帽和其他防护用品（不得用不合格的代用品）。

（3）应远离没有设置或安装防护装置的传动带、齿轮、砂轮、电锯和接近地面的连接轴、皮带轮、飞轮等，以免发生意外。

（4）擦洗、检修机械设备，清除机器台面杂物时，须停机。

（5）工作时思想要高度集中，不得聊天、说笑、打闹。

25. 使用电动工具时应注意哪些事项？

（1）不得提着电动工具的导线或转动部分，以免损坏导线或其他工作部件。

（2）在使用电钻时，不要在夹具停止转动前拆换钻头或其他工作部件，以免绞伤。

（3）在金属物体上用电钻钻眼时，不要用手直接去清除钻出的铁屑，以免刺伤手指。

（4）在梯子上使用电动工具时，应采取适当的安全措施，防止高空坠落或其他可能发生的事故。

（5）在使用过程中，工作人员因故离开工作场所或暂时停止工作，以及遇到临时停电时，须立即切断电动工具的电源，以防其他人员误动电动工具，或在电源突然恢复时电动工具启动而造成事故。

（6）电动工具的电线不应与热体相接触，也不要放在潮湿的地上，特别要防止重车或重物压在电线上，以免损坏绝缘体。

26. 怎样做到安全操作计算机？

计算机是信息社会中不可缺少的工具之一，当它走进学生的实验室时，就会成为备受学生喜爱的一种实验仪器。计算机是一种设计精密的仪器，计算机荧光屏放出的电磁辐射会使人的视力下降。

为了确保人机安全，学生在上机操作时，应当注意以下几个问题。

（1）学生上机时要将手洗净，穿好鞋套，最好戴上护目镜。

（2）操作期间，动作要轻，要严格按照老师的要求和操作规程去操作。

（3）最好每 20 分钟休息一下眼睛，可以闭目或远看。

（4）上机期间，要认真检查机器，发现问题要及时报告。

（5）平时要多吃一些富含维生素 A 的食物。

思考与讨论

1. 为什么在实验、实习中必须注意安全？

2. 本章中的几个案例，对你有何教育和警示作用？

3. 本章所介绍的实验、实习安全知识，你是否已经全面认识、理解和掌握？

4. 你以前在实验、实习中是否真正注意到了安全问题？

5. 你在将来的学习中，应当怎样注意实验、实习安全？

6. 除了本章介绍的实验、实习安全知识外，你认为青年学生还应当注意哪些实验、实习安全问题？

7. 通过对本章内容的学习，你对实验、实习安全问题有何重要认识、体会和感想？

8. 请结合实际深入讨论青年学生注重实验、实习安全问题的重要性、必要性和紧迫性。

9. 请以小组、寝室或班级为单位，组织形式多样、丰富多彩的实验、实习安全知识竞赛活动、文艺活动或其他宣传活动。

06

第六章

生活安全

本章寄语　生活虽然美好，但须注意安全

鲜花是美丽的，生活是美好的。人的一生除了工作、学习以外，都是在生活中度过的。在生活中，若不注意安全，常常会给自己带来诸多麻烦、悲苦或不幸。因此，生活虽然十分美好，但是必须要注意安全。

目前，全国各地各类职业院校的青年学生中，属于独生子女者较多，娇生惯养者较多，生活不会自理者较多。而且，一些学生的不良生活习惯由来已久，在短时间内马上改掉或彻底矫正过来比较困难。这就须要学校重视和加强对学生生活安全的教育与管理。

青年学生在校学习期间，除了学习和锻炼身体以外，还有各自的课余生活。一般来说，学生的课余生活是多种多样、丰富多彩的，而且又常常以分散、单独、自由的方式进行。这就需要广大青年学生必须注意在一些所谓的“生活小事”上，学会照顾和关心自己，千万不能疏忽大意。其实，所谓的“生活小事”并不小，因为它时刻关系到学生生活的安全、健康和愉快。

随着时代的发展和社会的进步，新的生活方式和内容越来越多地渗透到广大青年学生的生活中来。这些新的生活方式和内容，往往没有老师和家长的监督或管理，更应当引起每一位学生的高度警惕，要学会生活、注意安全。

青年学生在外出期间，必须注意安全。因为校外不同于校内，社会虽然是美好的、温暖的、多样的和丰富多彩的，但也是复杂的、多变的、残酷的、无情的和不好理解的，很多事情并不像自己所想象的那样美好、那么简单，一些事情往往会防不胜防而发生在瞬息之间。因此，广大青年学生在平时外出时，一定要提高警惕，严格要求自己，时刻注意安全，坚决预防和杜绝各种不应有的问题或事故发生。

在节假日期间，学生在家休息或帮助家人干活、走亲串友、从事其他社会实践活动等，也应当注意安全，要学会休息、学会娱乐、学会做事、学会交友、学会作客、学会生活。

总之，无论在校内还是在校外，无论在家中还是外出，无论有人监督或管理还是没人监督或管理，学生都必须具有强烈的安全意识和自我保护意识，要学会生活自理与自护，时刻注意自己的生活安全问题。

希望本章所介绍的各种知识，能对全国各地各类职业院校中的每一位学生在生活安全方面都有所帮助！

生活安全案例

案例 6-1 买书打电话，丢失一手机

2001 年 1 月 2 日上午，北京××大学的学生杨××利用元旦放假时间，独自一人到北京图书大厦购买书籍。杨××在一楼翻阅图书时，收到了远在广州的父亲打来的传呼，于是便用自己身上的手机立即回电。回完电话后，杨××顺手把手机放在书架上继续认真选书。后来，当杨××来到二楼时，才突然想起自己的手机放在一楼的书架上，于是便下楼寻找，结果不翼而飞。

案例 6-2 庆祝活动中的悲剧

1998 年 9 月 10 日，××省农业学校庆祝“教师节”并举行建校 40 周年庆祝活动。当晚，师生和群众 4000 多人聚集在该校操场观看焰火和电影。约 70 名学生和群众不听劝阻而爬上了学校墙根顶端的水泥板雨盖（建在灯光球场看台边的一堵墙上）观看，致使这块长 20m、宽 1.5m 的钢筋水泥雨盖（连同钢筋水泥梁和粘附的 3 行砖块，重达 10 余吨）断离土墙，从 2m 高处翻转 180° 倾覆，将坐、站在雨盖上的人压在雨盖下面，造成 30 人死亡、25 人受伤的重大恶性事故。

案例 6-3 没有零钱遭欺骗

2001 年 5 月 3 日中午，山东××大学的学生路××在河北省石家庄市独自旅游，当时其正在一个餐厅吃饭，忽然自己的 BP 机响起，原来是一个同学呼叫的。为此，路××快速走出餐厅，来到了一个卖报刊的电话亭回电话。打完电话后，由于身上没有带零钱，他只好用 100 元的“大票”支付电话费。当时路××看着对方找钱数额没错也就没有重查一遍，之后又回到餐厅继续吃饭。吃完饭后，当在餐厅支付饭钱时，他却发现刚才在打电话时对方少找了 40 元钱，而且还有 30 元的假币。一气之下，路××又回到电话亭讨说法，可是对方对此坚决不承认。

案例 6-4 骗子导演多幕剧，大学生被骗五千元

骗子为了骗钱，竟不择手段。为了达到骗钱目的，一个骗子竟导演了一个“多幕剧”，致使涉世未深的女大学生被骗走 5000 元。

2001 年 11 月 2 日晚，一个自称是河北人、年龄在 30 多岁的男骗子 Q 来到山东××大学阶梯教室，找到了一位女学生董××帮助其翻译英文资料，董××当即同意。次日中午，骗子 Q 付给董××20 元钱的翻译费，并要走了董××宿舍的电话号码，声称以后有英文资料还会找她翻译。11 月 3 日晚，骗子 Q 把电话打到了董××的宿舍，当时董××未在，其

室友接听了骗子Q的电话，骗子Q讲又有资料需要董××帮助翻译，要求董××于次日中午在学校门口单独与其见面。11月4日中午会面时，骗子Q称其公司近几天将要召开一个新产品发布会，想请董××做翻译，董××马上同意。

没过几分钟，骗子Q又说董××的衣服太旧，穿着不体面，最好换一身新衣服，其公司可以为董××报销服装费，董××听后立即同意。于是，骗子Q就带领董××来到了济南××商场，挑选了一套2200元的女套装。当时，骗子Q说自己卡上的钱不够了，想暂借董××500元钱，可是董××身上没有钱。董××立即回到学校向同学借了一个存折。

在董××取钱时，骗子Q见董××的存折上还有余款，便说自己也想买一件，董××便从存折上提取了5000元。

回到商场，在董××穿上新套装后，骗子Q便拿起她的皮包说去收银台交款。董××换下新衣服后察觉不对，于是便立即追赶，这时已找不到骗子Q的踪影。

案例6–5　骗子在大学演双簧，骗光学子卡中钱

2002年11月，一男一女两个骗子，以相同的手段，先后在山东××大学校园内分别骗取两个学生3100元、2600元，总计5700元。他们的手段是，谎称自己的银行卡被吞掉而寻求帮助，伺机骗取学生的密码，再用“掉包计”把卡换掉而将学生的存款全部取走。

根据学生反映，他们遇到的骗子是一男一女，操南方口音，看着也像学生。这两个骗子谎称自己的银行卡被吞掉，需要借学生的银行卡用一下，家里人已经把钱准备好，很快会把钱汇到学生的卡上，并许诺要请吃饭答谢，同时还通过手机让学生与其家长通话。

诚实、纯朴的大学生信以为真，这两个骗子便跟随大学生到银行查看款是否汇到，趁机获取密码。看到卡上没有钱汇到，这两个骗子于是要求看一下卡是否出了问题。趁大学生不备，将卡掉包，并说有别的事情迅速离开。等到大学生明白过来时，其卡中的钱已被骗子全部取走。

在两起案件中，骗子的作案时间都选在银行接近下班时间，卡主来不及挂失，教训极为深刻！

案例6–6　担心隐私被传出，大学生顿生恶念杀同学

2003年1月2日清晨，失踪11天的浙江××学院学生洪××的尸体被警方从杭州西湖内打捞上岸。令所有人都意想不到的是，杀害洪××的凶手竟然是他的同班同学周××，而周××杀人的理由更令人匪夷所思：担心自己的隐私被人传出去。

2002年12月29日晚，杭州市西湖公安分局接到浙江××学院保卫处的报案：该校学生洪××于2002年12月21日晚离开学校，至今未归。2003年1月1日晚11时，专案组人员在对洪××同学周××宿舍进行搜查时找到了重要的作案证据，随即将其抓获。

2003年1月2日凌晨，周××交代了自己杀死同学洪××的全过程。原来，周××一直担心自己在生理上有问题，却苦于无法向人开口求教，为此他十分苦恼。2002年12月21日晚上，周××在校外遇见正去吃夜宵的洪××，想到洪××是这方面的“专家”，于是××便告诉洪××自己的问题，想向其请教。两人打车来到西湖苏堤花港观鱼的入口，当步行至苏堤望山桥至压堤桥之间时，周××告诉洪××自己生理上有问题，而这时洪×

×正兴高采烈地忙于给女同学发短信。周××认为，自己对洪××讲了隐私，而对方不仅不理解自己，反而嘲笑自己，更进一步担心自己的隐私会在第二天被洪××传出去。于是，周××拿出随身携带的裁纸刀，对准洪××的脖子连砍数刀，对方当即倒地身亡。随后，周××从附近找来了绳子、石头，将尸体捆绑起来扔入了西湖。本为很友好的事情，却在令人发指的悲剧中结束了！

案例 6-7　女研究生家教遇色魔，欲寻短见被救

1. 色魔设下家教陷阱

2002 年夏季的一天，天津市塘沽区的一名好心出租车司机，将一名欲寻短见的研究生姑娘送到了天津市塘沽区公安分局，在警察的询问下，女青年道出了被一名歹徒以请家教为名拘禁污辱的经过。于是，警方立即出警，在一家小旅馆里将犯罪嫌疑人庄××抓获。2002 年 11 月，山东省烟台市芝罘区检察院以涉嫌强奸罪对庄××提起公诉。

2002 年 7 月 10 日上午，刚刚考上××大学研究生的 23 岁的阿花（化名）来到山东省烟台市文化广场附近的一处马路家教市场找活儿。10 点左右，一名中年男子领着个小男孩走过来，问可否给他儿子补一个月的功课。阿花说，行啊，一个小时 10 元。那男子用怪异的目光打量了她一会儿，问："能不能先到我家去看看，再谈价钱好不好？"阿花连想也没想就答应下来。

三人乘上一辆公共汽车，来到位于烟台西郊的幸福十三村的一处小平房，已近中午，那男子热情地邀请阿花吃饭，盛情难却，阿花就留下了。吃饭时，中年男子告诉阿花，他叫庄××，前几年妻子得病死了，保姆又回家了，这一个月想请阿花给儿子做家教，并给她 1000 元家教费。

饭后，庄××依旧不放她回去，缠着阿花东拉西扯，阿花也不好意思告辞。聊了几个钟头，天色已黑，阿花几番想走，庄洪泰总是以种种理由阻拦。阿花感到有种不好的兆头，于是下决心向门口冲去，庄××一把将她扯住，眼睛里现出狰狞的目光，懦弱的阿花吓得又退了回来。

晚上 10 点，喝得醉醺醺的庄××开始对阿花动手动脚，阿花拼命反抗，可是庄××的力气太大，他像老鹰捉小鸡似地扭住阿花，一把拽断她的腰带，恶狠狠地威胁道："你自己脱下衣服，不然，我就撕烂你所有的衣服，看你还想出门！"身材瘦小的阿花吓得失去了最后的抵抗能力。

2. 她选择了沉默

第二天早晨，丧失人性的庄××当着旁边熟睡的儿子，又一次粗暴地将阿花强奸。望着抽泣的阿花，满足兽欲后的庄××恶狠狠地说，他曾杀过人，蹲过局子，想杀谁就杀谁。然后，他突然大声问："你对象在哪儿，写下来，我去杀了他。"

阿花哭着哀求不写，庄××一巴掌打在她的脸上，揪住衣领又打了一掌，说道："不写？连你一块杀了。"

慑于庄××的淫威，阿花只得战战兢兢地将男朋友及家人的姓名和住址全都写给了他，庄××心满意足地看着这只懦弱的"小羊羔"，又逼着她将身份证交出来，最后又吓唬一句：

“等把他们一个一个全杀了，看你还硬不硬！”

打完了人，他叫阿花到院里水池去洗脸，一位女邻居恰好也在那里洗，阿花鼓足勇气小声哀求她去报警，那女人面露惊恐之色，害怕地说：“像庄××这种人谁敢惹？你自己快跑吧！”

这时，庄××在窗里看见她们在嘀咕，出门狞笑道：“打 110 我就怕了？给我回来！”阿花只得又乖乖地回去了。这一次失败的求救，让阿花几乎感到绝望！

2002 年 7 月 12 日早晨，庄××又对阿花污辱一番，假惺惺地说：“我以后再不伤害你了，我要给你钱帮你上学，你先回学校，只要 7 月 15 日能回来和我以及儿子到海边照张相，保证不伤害你的家人，还要送你去上学。”

信以为真的阿花默默地答应了庄××的要求，回校后竟没有报警。

2002 年 7 月 15 日 9 时许，阿花在学校宿舍接到庄××的电话，让她到海边照相。合完影，庄××哄骗她说要送一只密码箱给她，但要一起回家去取，又将阿花骗进了魔窟。

到了庄××的住处，阿花又被色魔锁在房里，丧心病狂的庄××又多次将阿花奸淫。

2002 年 7 月 17 日早晨，受尽凌辱的阿花坐在床上哭泣，庄××的儿子小伟走过来劝她，阿花问小伟：“你爸爸是不是也关过别的女人？”小伟说：“关过，有好几个呢，有的比你时间还长。”阿花问：“她们是咋跑的？”小伟说：“有的是偷着从门跑，有的是趁他离家出走。”

阿花心生一计，问：“你能不能帮我跑？”小伟点了点头，阿花就塞给小伟 300 元钱，说：“你往天津跑吧，我给你个地址。你去找人来救我。”

庄××没见儿子回家，开始猜测是阿花的主意，于是疯了似地殴打阿花，直到阿花“供”出了小伟的去处。接着，庄××又逼着她写拐骗他儿子的事，写完了又逼着阿花把所有的钱都给他。

2002 年 7 月 18 日晚，庄××“押”着阿花坐上了去天津的火车，在天津市塘沽区的一处小旅馆里，庄××又两次将阿花强奸，失魂落魄的阿花趁庄××熟睡之机，终于逃离魔掌。回想起这几天的遭遇，悲痛绝望的阿花想到了死，于是发生了开头的一幕。

3．躲陷阱要讲策略

有关人员在采访阿花一案时，办案人员讲了这样一件事，据庄××的儿子揭发，庄××至少利用请家教的名义领回家五六名女性。在这些受害人中，很少有像阿花一样最终选择了报案，更多的则是在出了事以后选择了沉默。“这些受害者由于过分软弱，不仅自己的身心受到伤害，而且给庄××这样的歹徒留下了继续作案的机会。从某种程度上讲，这些没有报案的受害者，也在道义上间接地伤害了阿花。”

女大学生在遇到家教陷阱时应该怎么办？办案人员说：“阿花在受到伤害前后，可以说都有机会逃离魔掌，但性格的软弱以及瞻前顾后使她失去了这些机会。”“越是在危险的时候，越要表现出坚强镇定与机智勇敢，在受到侵犯时，随机应变是法宝。”

据介绍，在庄××伤害阿花之前，曾有一名受害者机智地逃过一劫。据这名同样文静的女大学生讲，当时她一门心思地想着一定要跑出去，就在庄××要对她动手动脚时，她突然大喊一声：“你要再动手，我就豁出去了。”在庄××一愣神儿的工夫，她猛地扯离了庄××的手掌，夺门而逃。

办案人员介绍说，在受到侵害时，不要惊慌失措，能逃离时，最好不要打斗，逃不走，不要害怕可能会受伤，应大声呼喊“着火了”等比“救命”更能引人前来救援的话，最大限度地分散歹徒的注意力，伺机逃走或击打歹徒的要害部位。

办案人员特别指出，在完全被歹徒控制时，“宁为玉碎，不为瓦全”的做法并不可取，生命是最可贵的，只要生命在，就有逃生的可能，就能最终战胜罪犯。最好的做法是，尽量与歹徒机智对话，虽然不能制止侵犯，但可避免受到更多的伤害，瞅准机会逃出。

有关人士告诫说，性侵犯一旦发生，受害人不要丢弃衣物，也不要洗去有关证据。

案例 6-8　家教陷阱多，市场未设防

1. 清纯女生站马路，上当受骗颇容易

2002 年 11 月中旬，有关媒体记者领着上小学一年级的女儿，来到阿花出事的位于山东省××广场附近的一处马路家教市场进行暗访，这里聚集着该市几乎所有高校的数百名做家教的大学生。这些做家教的大学生以女生为主，朴素的衣着和腼腆的表情很容易让人猜透她们的家境并不富裕。

记者走向一位拿着家教牌的女生，眼光刚一接触，旁边立刻就围上来两三名女大学生。“找家教吗？英语四级，文理都能辅导。”见记者略一迟疑，一位女大学生跟上一句：“您的孩子多大啦？可以每天晚上辅导，不用您接送。”记者问多少钱，其他几个女生就识趣地退到了一边。那位女大学生说：“晚上辅导要贵一些，每小时 20 元。”见记者躲开她的目光，她马上改口说：“15 元也行，但不能再低了。”记者问可否现在回家先试讲。“没问题，但你可要请我吃饭啊！”这女大学生看起来很开朗，几句话竟和记者开起了玩笑。

记者亮明身份，周围的几名女生都笑起来。那位女大学生说：“你装得挺像的，我们还真以为你想请家教呢。”记者问：“这样站马路，安全不安全？”女生们说：“一般没事儿，什么样的人，想不想请家教，我们一般都能看出来。尤其是领小孩的，十拿九稳。”望着这些涉世未深、非常清纯的女大学生，记者不禁为她们捏了一把汗！

据办理阿花一案的民警介绍，马路家教市场无人管理，一些居心叵测的歹徒便趁机把黑手伸向那些年轻、纯洁的女大学生；马路家教的无序性给犯罪分子以可乘之机，受害者缺乏必要的社会经验和心理防范能力，成为歹徒屡屡得手的主因。

2. 马路家教亟待规范，大学生需要格外小心

如何从根本上避免家教陷阱？业内人士普遍认为，退路进厅是最好的方法。马路家教市场本身就是在“碰”，由于双方选择上的盲目性，对于学生和家长来说都是不平等的。不只是学生在从事家教工作时没有保障，家长也抱怨说不能从正常渠道找到合适的德才兼备的好学生。为此，各地人才市场与各院校合作试行一种相互接轨的家教市场运行模式。首先，由校方组成大学生家教服务中心，负责家教的岗前培训工作，学生经考试合格后才能发给家教资格证书，所有从事家教的人员必须持证上岗。这就从源头上保证了从事家教工作人员的质量。

培训工作结束后，校方将负责学生与家长签约，保证合同履行以及学生人身安全。各地人才市场则要根据家教需求情况，将马路家教引入人才市场进行规范运作，定期举办家教供需洽谈会，并在每学期的开学和放假前后在人才市场大厅内举办大型家教洽谈会，给

学生和家长更多的见面机会。各地人才市场还要建立学生和家长的“家教信息库”，将学生和家长的情况，利用专门的家教网站进行登录，向社会会布。这样，就可以有效解决供需双方相互选择时的盲目性问题。

从根本上讲，要消除家教陷阱，一是要实现退路进厅，二是要将家教中介组织规范化。以法律的形式规范家教担保行为，出了事能找到责任人，能诉诸法律解决纠纷。只有这样，才能真正让家教成为大学生勤工俭学的安全途径。

生活安全知识

1．在上学和放学的路上应当怎样注意安全？

对于走读生来讲，平时在上学和放学的路上，应当注意下列安全问题。

（1）注意交通安全。

（2）注意社会公德。上学或放学路上，要对人礼貌，讲究公德，不乱扔脏物，不随地吐痰，不惹是生非。

（3）切忌私自外出。如需外出，则要事先及时告诉家长。

（4）别跟陌生人走。不要凭一面之交就相信别人，特别是女生，更应引起注意。

2．学生的用眼卫生应注意什么？

（1）看书姿势要正确。看书、写字时，头要正，背要直，眼和书的距离要保持 33cm 左右。不要躺着看书，躺着看书时书本往往不正，会引起近视和斜视；不要在运行的车上看书，在运行的车上看书，眼睛就必然要费力调节，这也是引起近视的因素。

（2）用眼时间不要过长。看书、写字或看电视时，应当每看半小时至 1 小时，就休息一会，如闭目、做眼保健操或眺望远方景色等，这样可以达到消除眼睛疲劳的目的。

（3）光线明暗要适当。不要在强烈或太暗的光线下看书、写字。用 25W 白炽电灯时，灯距书不要超过 0.7m；10W 时，不要超过 0.5m，且灯要放在左前方，以免右手挡住光线。

（4）避免灯光直射眼睛，看电视时要注意用眼卫生。

（5）选择合适的书写工具和课外读物。写字用的墨水，应尽可能用颜色深一些的蓝黑墨水；钢笔尖不宜过细；用铅笔要选择 HB 型铅笔。课外读物要选择印刷清楚、纸张洁白、字体较大的图书和杂志。

（6）要定期检查视力。发现视力有下降趋势时，要及时查明原因，并采取相应的措施进行矫正。

（7）养成讲卫生、爱清洁的习惯。不要用手揉眼睛，要经常换洗手帕、毛巾。不要用眼睛看电焊的“弧光”，以免发生电光性眼炎。

3．学生外出购买书刊时应当注意什么问题？

（1）要选择恰当的时间。要利用课余时间或休息时间外出购买书刊，不准占用上课时间或自习课时间；要尽量避开交通高峰期，最好不要影响返回后在学校餐厅或食堂就餐。

（2）要结伴而行，最好不要单独前往。

（3）在来回的路上，要注意交通安全。若步行，则要注意路上的行人和车辆，注意行走安全；若骑自行车，则要注意骑车安全；若乘坐公交车或出租车，则应注意乘车安全。

（4）要选择合适的书店。

① 若购买专业书刊，最好到大型新华书店、专业书店去或大型电商买。

② 若购买文学作品、生活用书或科普读物等非专业性书刊，则要到新华书店、相关书店、图书批发市场或大型电商去买。

③ 若能打折优惠，则要到折扣优惠比较高的书店去买。

④ 若能就近买到，则不要到离学校较远的书店去买。另外，目前全国各地各种类型的书店很多，书店之间的竞争也很激烈。书店之间为了竞争，往往会“高招迭出”。所以，在选择书店时，要学会反复对比、综合权衡，从中选择最好的书店。

（5）要认真选择书刊。目前，各个书店的书刊都是种类繁多，而且版本不一、内容不一、新陈不一、优劣不一、价格不一等。所以，在购买书刊时，首先要学会翻阅、浏览各种书刊的出版时间、目录、前言、有关内容和定价等，以便做到心中有数、“货比三家”、优中选优，然后再确定自己必须购买的书刊。

① 对于可买可不买的书刊，最好不买。

② 对于内容一般、知识陈旧、质量较差或价格较高的书刊，最好不买。

③ 对自己参考价值不大或用途不多的书刊，最好不买。

④ 对自己的学习、生活和就业等方面无关紧要的书，最好不买。

⑤ 对于劣质盗版书，最好不买。特别是专业性书刊更应当注意，坚决不能购买，以免出现科学性和技术性的错误而影响将来的工作。

⑥ 对于含有黄色、淫秽或反动、伪科学、封建迷信等内容的书刊，不准买。

（6）要妥善保管现金、钱包和随身携带的物品。由于光顾书店的人员较多，特别是在节假日和休息日期间人员会更多，加之自己在选择书刊时精力较为集中等原因，所以需要妥善保管好自己的现金、钱包和随身携带的物品，谨防丢失或被盗。

（7）要爱护书籍、遵守公德、讲究礼貌，不偷书，不撕书。

（8）要节省时间。

（9）对于沿街叫卖的“马路书店”、“流动书店”等，最好不要光顾，更不要与之讨价还价后又不买，以防对方纠缠不休、发生争执，引发一些不愉快、不安全的事情。

4. 学生在课余时间应当阅读哪些方面的书刊？

（1）与国家大事有关，能激发爱国热情与民族自信心和自豪感的有关书刊。

（2）与自己所学专业和科学研究密切相关的专业性书刊。

（3）与自己的理想、追求、兴趣、爱好和特长密切相关的书刊。

（4）对自己的学习、生活、处事和社交等方面大有裨益的书刊。

（5）对自己将来择业、就业和适应社会大有裨益的书刊。

（6）与实现自己的人生价值密切相关的书刊。

（7）与自己的安全和身体健康密切相关的书刊。

（8）能培养自己的创新意识和创造性思维，激发自己创造力的书刊。

（9）能激发自己强烈的事业心和高度的责任感，使自己努力学习、刻苦钻研、不断进取的书刊。

（10）与家中父母和亲人密切相关的书刊。

（11）与自我约束、自我完善和健康成长关系密切的书刊。

（12）介绍各种伟人、名人、名家和当代企业家成长过程与经验或教训，对自己具有很大的教育和启发作用的书刊。

5．哪些书刊学生不准看？

（1）具有黄色、淫秽、反动、伪科学和封建迷信等内容的书刊，不准看。

（2）具有恐怖、暴力、抢劫、犯罪和黑恶势力性质等内容的书刊，不准看。

（3）具有言情、武打等方面内容的书刊，最好不看或少看。

（4）对自己的学习、生活、成长和将来工作无关紧要或帮助不大的书刊，最好不看或少看，以免浪费自己宝贵的时间、精力和年华。

6．哪些影视、录像和光盘学生不准看？

（1）具有反党、反社会主义和反国家安全等内容的影视、录像和光盘，不准看。

（2）具有黄色、淫秽及卖淫、嫖娼等内容的影视、录像和光盘，不准看。

（3）具有封建迷信和伪科学内容的影视、录像和光盘，不准看。

（4）具有各种违法犯罪活动等内容的影视、录像和光盘，不准看。

（5）含有恐怖、暴力、抢劫、犯罪和黑恶势力性质等内容的影视、录像和光盘，不准看。

（6）具有言情、武打等内容的影视、录像和光盘，最好不看或少看。

（7）对自己的学习、生活、处事、社交、择业、就业和将来工作等方面无关紧要或帮助不大的影视、录像和光盘，不要看。

7．学生在拨打公用电话时应当注意什么问题？

（1）为了节省电话费，要选择最经济的通话方式和时间。

（2）若打电话者较多，则要依次等候，且要讲究礼貌。

（3）打电话时要简明扼要，尽量缩短通话时间。

（4）对于通话内容比较重要的电话，最好选择在无人等候、没有干扰的 IC 卡电话亭拨打。

（5）打电话时要注意观察周围的环境。当发现电话亭周围有行迹可疑的人在注视自己时，最好不要在该电话亭拨打电话，而要尽快离开，到别的电话亭去打。

（6）当拨打人工收费的公用电话时，事先要准备好零钱，以免产生不必要的麻烦，或者防止对方趁机找假钱而使自己上当受骗。

（7）打完公用电话后，不要立即就走。要把自己的磁卡、电话号码本、钱包和随身携带的物品带好，不要遗忘或丢失在电话亭，以免给自己带来不必要的麻烦或损失。

8．学生打电话时应当怎样讲究卫生？

同学之间相约或在交往过程中，往往需要经常打电话。但是，电话机上暗藏着许多危害人们健康的“隐形杀手”。据化验证明，一部电话机含细菌约 10 万个，可传染 100 多种疾病，如流感病毒、肝炎病毒等。显然，如果电话使用不当，就会传染各种疾病。因此，在打电话时，要千万注意讲究卫生。

（1）打电话时，要采用正确的方法。嘴与话筒之间，要保持一定的距离；不要手捂话筒，不要用嘴直对话筒。

（2）打完电话后，要及时用肥皂洗手或用酒精棉球擦洗手。

（3）在车站、码头、机场、商店、影剧院、饭店、宾馆等公共场所拨打公用电话时，更应当倍加注意电话卫生。

（4）自己家中的电话，要注意定期清洗、消毒。

9. 学生的压岁钱所带来的不安全因素有哪些？

目前，在校学生多为独生子女，逢年过节，爷爷、奶奶、叔叔、阿姨少不了会给一些压岁钱。这样的收入相当可观。据了解，有的学生每年的压岁钱多达上千元，少者也有百元之多。但是，钱多又会带来一些不安全的因素。

（1）钱币上带有很多种传染病菌，特别是年代较久、票面破旧的钱币经过了千人万手，病菌更多。有些学生在点钱时具有舔手指头的习惯，这样很不卫生，容易致病。

（2）学生的钱来得容易，自然也就不觉得珍惜，花起来常常大手大脚，饭要吃好的，衣要穿好的。这样，很容易使学生滋生不正确的攀比之风。这对学生来讲是一个危险的信号。

（3）有的学生不把压岁钱用在自己的学习或提高生活质量上，而是讲哥们意气。同学、朋友相聚，吃喝玩乐等恶习慢慢就会养成。

（4）学生经常带钱外出，很容易受到社会上一些流氓和不法分子的攻击，遭到抢劫，甚至会有生命危险。

因此，压岁钱最好由父母代为保管或存入银行。

10. 学生带钱外出时应当注意什么问题？

（1）一般来说，学生外出时应本着“够用即可，略有余钱；安全存放，妥善保存”的原则带钱，不要带过多的钱外出。

（2）要把购买车票钱和零花钱单独放好，暂时不用的钱要妥善保管好。零花钱要准备好“小票”，不可全是“大票”，以免花钱麻烦。

（3）当带钱较多时，应当在自己身上和同行者身上及携带的行李物品中分处存放，妥善保管，不可把所有钱都集中放在一个地方，以防万一丢失或被盗而给自己带来诸多麻烦和不安。

（4）最好把钱放在内衣中、贴身处和其他安全的地方。

（5）在步行、骑车或乘车途中，要多加注意自己放钱的位置、地方和部位，谨防丢失或被盗。

（6）不要向外人炫耀自己身上带有很多钱，谨防不测。

（7）在路途中，若遇有沿街乞讨者，不要大手大脚地给钱；若遇有撒谎要钱或借钱者，要提高警惕，不要心慈手软、相信假话，谨防上当；若遇有叫卖某种物品者，要抵挡得住价格和叫卖的诱惑，不要轻易购买，免得受骗。

（8）需要带较多的钱外出时，最好不要带现金，而应当携带银行信用卡，到达目的地后再随用随取，既安全又方便。

（9）学生在放暑假、寒假开学返校时，往往要携带学费和生活费等较多的钱、物，所以在购买车（船）票时、等候车（船）时、上下乘车（船）时、乘车（船）途中等，都需要提高警惕、倍加注意，以确保安全，防止丢失或被盗。

11. 如何保管好自己的现金、存折和贵重物品？

（1）现金最好的保管办法是存入银行，尤其是数额较大时应及时存入；数额较小的零用钱，应趁人不注意时放入自己的箱子，并且加锁。

（2）银行存折要保管好，不要随身携带，也不要放在教室里，而应当放在宿舍里，最好锁在自己的箱子里，并把存款的时间、金额、开户银行名称、银行账号和密码等单独记在自己的一个或几个日记本中，以备挂失之用。存折万一丢失或被盗，则应立即去银行进行挂失。

（3）贵重物品不用时最好锁在抽屉、柜子里，放假离校时应将贵重物品带走或托可靠的人保管，不可留在寝室。

（4）寝室门最好换上保险锁，钥匙不要随便乱放或丢失。

（5）在价值较高的贵重物品和衣物上，最好有意识地做上一些特殊的记号，万一被偷走，将来找回的可能性会更大。

12. 为什么最好到银行去兑换零钱？

当前，全国各地都有一些不法分子从事假币交易活动和骗钱活动，致使不少的无辜者上当受骗。特别是心地善良、思想单纯、经验不足的青年学生，更应当对此有足够的重视。这些不法分子，一方面利用人们缺乏识别假币的知识和经验而大肆兑换或找付假币；另一方面，又利用人们工作、生活忙碌而故意找假钱或少找钱。因此，学生有 50 元或 100 元的整钱需要兑换成零钱时，最好到各类银行去兑换。

13. 学生外出购物时需要注意什么问题？

（1）选择合适的时间。要利用课余时间或休息时间外出购物，不准占用上课时间或自习课时间；要尽量避开交通高峰期，最好不要影响返回后在学校就餐。

（2）要结伴而行，最好不要单独前往。

（3）在来回的路上，要注意交通安全。若步行，则要注意路上的行人和车辆，注意行走安全；若骑自行车，则要注意骑车安全；若乘坐公交车或出租车，则要注意乘车安全。

（4）要选择合适的商场、商店或市场等购买场所，做到“货比三家”，优中选优。

（5）要注意购买商品的产地、质量、款式、花色品种、功能、用途、生产时间和购买价格等，防止购买假冒伪劣商品。在购买价格上，要会讲价，争取以最低的价格购买理想的商品。

（6）要注意索要购物发票或信用卡，以便商品出现问题时及时更换或退货。

（7）在对方找付零钱时，要注意识别真、假币。

（8）要把现金、钱包和随着携带的物品带好、保管好，谨防丢失或被盗。

14. 学生在校外吃饭时应当注意什么问题？

（1）为了省钱和安全，要尽量在学校内的食堂或餐厅就餐，一般不要外出吃饭。

（2）若因特殊情况而必须在校外就餐，则要选择离学校较近，而且干净、卫生、价格较为便宜的小餐馆或小饭店。

（3）在校外吃饭时，要学会节俭，讲究吃饱，不要讲究吃好；不准讲排场、摆阔气，铺张浪费。

（4）不准吸烟、喝酒，更不准酗酒闹事或打架斗殴。

（5）吃完饭后，要及时返校，不准长时间在外逗留。

（6）若被别人邀请而到校外吃饭，则要讲究就餐礼仪和礼节礼貌。

（7）离开餐桌时，要把自己的衣服、物品带好，不要遗忘在餐厅里，以免给自己造成不必要的麻烦或损失。

15. 怎样安全使用电脑？

（1）防高温。通常电脑应在15～35℃的温度范围内工作。

（2）防低温。5℃以下电脑很难启动。

（3）防潮湿。电脑不可在潮湿环境下久置不用，应经常通电加温，以驱除机内潮气，防止电脑发生霉变、生锈和病变。

（4）防病毒。电脑病毒会使文件遭受破坏，使电脑“死机”，程序失效。预防电脑病毒的主要方法是不登录不明网站或打开来源不明的文件。

（5）防震动。

（6）防电压波动。一般在220±5V电压条件下工作。电压过高或过低，都会使电脑过载或失控。

（7）使用电脑时不要使用稳压器，但可使用不间断稳压电源。

16. 学生用电脑上网时应当注意哪些问题？

（1）要有计划、有目的、有针对性地上网，不可盲目上网、消磨时光。

（2）要节省上网时间，减少上网费用。

（3）在网上交友或聊天时，需要格外注意，不可盲目交友，不要随便倾吐心声，谨防上当受骗或遭遇不测。

（4）不要乱发电子邮件，不要在网上犯罪。

（5）不要在网上谈情说爱，坚决杜绝“网恋”。

（6）不要浏览或阅读网上有关违法犯罪等方面的内容。

（7）不准浏览或阅读不利于学生身心健康的网页信息。

（8）不准浏览或阅读“黄色”网站（页）。

（9）要设置电脑病毒防火墙，防止网上病毒侵害。

17. 安全收看电视的常识是什么？

（1）不要频繁开关电源。频繁开关，对电视机十分有害。这样，不仅会使其内部的电子原件产生瞬时冲击电流，损坏集成电路，还会使显像管灯丝老化，缩短电视机的寿命。

（2）不要久搁不用。电视机久搁不用，容易受潮，侵蚀机件，造成故障。电视机中的电容器长期不工作，偶尔使用，容易漏电或击穿，致使电视图像扭曲或模糊不清。

（3）看电视的位置和距离要适当。观看电视时，眼睛应在电视机荧光屏正前方稍高一点的位置，最佳距离应为荧光屏宽度的 5～8 倍。

（4）看电视时，电视机的亮度不要太大，以免使荧光粉老化失效。

（5）看电视时，室内宜开红灯，这样有助于保护视力。

（6）彩电最怕磁场，绝不要把任何带有磁性的物体从荧光屏前移过。

（7）彩电不要接地线，接地线容易使集成电路和其他元器件烧坏。

（8）吃饭时不要看电视。

（9）小学生不宜多看电视。由于小学生的眼睛发育尚未完成，因而久看电视易引起近视或斜视。

（10）看完电视后要洗脸、洗手。因为电视机荧光屏产生的静电对空气中的灰尘有吸附作用，使附近大量污染物粘附于皮肤上，易导致皮肤病。

18．使用电风扇应当注意哪些安全事项？

（1）劳动或运动完毕后，全身是汗，这时不要马上开启电风扇。出汗可以充分散发体内多余热量，此时如果贪图一时凉爽，用电风扇直接猛吹，会使皮肤温度骤然下降，易致伤风感冒。

（2）睡眠时不要使用没有定时装置的电风扇。即使电风扇有定时装置，也不要吹得太久。因为睡眠时吹风过久，极易着凉。

19．怎样安全使用燃气热水器？

（1）安装燃气热水器的房间，必须通风。在使用燃气热水器时，必须同时开动排气装置。

（2）当嗅到有燃气泄漏时，应立即关闭总气阀，打开门窗，让燃气排出。

（3）禁止在燃气热水器附近放置易燃物品。

（4）为了防止烫伤，不要用手接触燃气热水器操作按钮以外的地方。

（5）不使用或外出时，要关闭燃气热水器的气阀和燃气总开关。

（6）冬季燃气热水器使用完毕后，应放尽燃气热水器及管内的积水，以防冻结。

（7）燃气热水器的气胶管如有龟裂或接口松脱，应及时更换。一般来说，3 年要更换一次胶管。

20．如何安全使用微波炉？

（1）使用微波炉时，要严格按照有关规定操作，尽量减少在微波炉周围的时间。

（2）脸和眼睛应远离接上电源的微波炉体。

（3）严禁把任何物体从炉门封垫周围穿过和插入炉中，以防微波辐射大量外溢。

（4）不要弄坏炉门上的安全连锁装置。

（5）清洁微波炉时，宜用水或中性的清洁剂，切不要用钢毛刷或普通的去污粉擦炉。

（6）要定期检查、测量漏出的微波辐射是否过量。

21．使用电饭锅时应当注意哪些事项？

（1）电饭锅应有单独插头。

（2）电饭锅不宜靠近其他家用电器使用。电饭锅加热后喷出的水蒸气，会损伤其他电器的电子元件，严重的会造成短路。

（3）内胆与电热板表面要保持干净，以免接触不良。

（4）电饭锅的内胆是铝制品，应避免碰撞变形。如果内胆和发热板接触不吻合，则会烧毁电热板和温控器。

22. 使用洗衣机时应当注意哪些事项？

（1）不要将各种衣物混在一起洗，特别脏的衣物应分开单独洗。尤其不可将手帕、乳罩、口罩和内裤、袜子及月经带等一起放入洗衣机内搅动，这样容易造成互相污染。

（2）病人的衣物应与健康人的衣物严格分开洗涤，然后再进行暴晒或高温消毒，以免病菌、病毒传染。

（3）大多数衣物可用洗衣机洗涤，但一些又松又薄的棉织物（如蚊帐）、丝织物、纤织物和毛料衣服，最好不要用洗衣机洗。

23. 怎样正确使用电热毯？

（1）电热毯不能折叠使用，不要将电热毯直接铺在铁床炕上。

（2）在使用中的电热毯上，不能堆放很多衣物，以保证有一定散热途径。

（3）起床时必须拔下电源插头。室内无人时，要禁止通电。

（4）电热毯发生水湿时，要烘干后再用。

（5）电热毯连续使用时间一般不超过10小时。

（6）电热毯脏污可用水刷洗，但不能揉洗。不能用漂白剂清洗和干洗，因为这样会破坏电热毯的绝缘材料。

24. 什么是冰箱病？怎样预防？

冰箱病，即耶尔细菌肠炎。耶尔细菌广泛存在于牛奶、肉、鱼、禽及蔬菜等许多生食品中，喜欢在-4℃低温下生长繁殖。所以，人一旦吃了这样的食品，就有可能引起耶尔细菌肠炎。

为了预防冰箱病的发生，需要采取下列措施。

（1）冰箱内存放热菜时，应冷却后再存放。

（2）冰箱内的食品，要生、熟分开。

（3）从冰箱取出的食品，进食前要烧熟、煮透。

（4）要定期清理冰箱，保持箱内清洁。

25. 什么是空调病？怎样预防？

在空调房间内，空气的流动性差，有利于细菌生长繁殖，容易诱发一种呼吸道疾病，出现发热、咳嗽、胸闷、气急等症状。同时，由于空调房间与外界温度相差悬殊，进出空调房间极易引发感冒和中暑，有时还会发生口眼歪斜、头痛、咽喉痛、下肢发冷和全身酸软无力等情况。这就是“空调病”。

为了预防空调病的发生，应当采取下列措施。

（1）从室外进入空调房间时，要先在室外休息片刻，千万不要大汗淋漓就走进空调房间，那样会感冒生病。

（2）不要把温度调得太低，一般室内外温差不高于5℃较为适宜，最高不得超过10℃。
（3）晚上睡觉时，人不要睡在风口下；感到凉快时，要在身上盖上毛巾被或毛毯。
（4）早晚凉爽时，要开窗换气。
（5）可在室内放置一些对二氧化碳、二氧化硫等有害气体具有较强吸附性的植物花卉。
（6）注意保持空调机本身的清洁。
（7）空调室最好保持一定的采光度，因为阳光具有一定的杀菌、消毒作用。
（8）开启空调期间，要注意使空气对流；如果无排气系统，每隔3～4小时要换气一次。

26. 煤气中毒是怎么一回事？

煤气中毒，即一氧化碳中毒。煤气的主要成分是一氧化碳。一氧化碳是一种无色、无味的有毒气体。当煤气泄漏或因室内通风不良，燃料燃烧产生的废气不能及时排出，而使室内充满一氧化碳，人们不容易察觉而吸入一氧化碳后，就会发生煤气中毒。

当吸入少量一氧化碳时，就会感到头痛、头晕、恶心、呕吐、全身疲乏。吸入大量的一氧化碳时，就会因缺氧导致窒息死亡。这是因为一氧化碳跟血红蛋白的亲和力是氧跟血红蛋白亲和力的230～270倍，一氧化碳跟血红蛋白结合形成稳定的络合物，阻止了氧跟血红蛋白的结合，从而使血红蛋白丧失了输氧能力，使人体缺氧。空气中只要有1%体积的一氧化碳，就可使人在半小时内死亡。

27. 怎样预防煤气中毒？

（1）用煤气做饭时，要注意防止锅内汤水沸出淹灭炉火。若发现此情况，应立即关上煤气开关，打开排气扇或打开窗户通风后再重新点火。此外，还应经常检查煤气开关与管道有无漏气现象，如发现有情况应立即找专业人员维修，以杜绝中毒隐患。

（2）燃气热水器须安装在通风良好处，不能安装在浴室内，以防燃烧后的废气中含有过量的一氧化碳而使人中毒。

（3）火炉一定要安装好烟囱，要经常检查烟囱有无漏气或被烟灰堵塞之处。临睡前还要仔细看看火门是否已打开，若打开则应赶快封好。

28. 煤气中毒后怎样救治？

应针对不同的煤气中毒程度进行不同的救治。

（1）轻度中毒，即出现头痛、头昏、恶心、呕吐、全身疲乏等，此种情况不需药物治疗，只要迅速离开现场，或者立即打开门窗，中毒症状就能很快消失。

（2）中度中毒，即上述症状加重且出现面颊、前腿及大腿内侧呈樱桃红色、烦躁、呼吸加快、意识朦胧等。此种情况应立即将患者移到空气新鲜和温暖的地方，敞开衣服，保持呼吸道畅通，以尽快吸入新鲜空气。若条件允许，应迅速给氧，以加快一氧化碳血红蛋白的分离与排出。

（3）重度中毒，即出现昏迷、肌肉痉挛和抽搐。此种情况除按中度中毒救治外，应迅速就近送医院抢救治疗。若不及时救治，会出现一些并发症，如肺气肿、中毒性脑病、心力衰竭心肌炎和酸中毒等。

29. 被狂犬咬伤后如何救治？

现在养犬的人不断增多，所以学生要注意不要玩狗。如被带有狂犬病毒的狗咬伤，应及时注射狂犬病毒疫苗。若不及时救治，就会患狂犬病而死。被狗咬伤后，不要马上止血，首先要用 20%的肥皂水反复冲洗伤口及周围皮肤，然后用 50%～75%的酒精反复涂擦伤口，最后用 25%的碘酒纱布堵填伤口，消毒止血。除大血管被咬破需要缝合血管之外，伤口不要缝合、不要包扎，伤后用中药番薯叶、番木鳖各适量捣烂成泥，敷于伤处，有解毒作用。在被咬伤后，务必设法在 2～3 小时内注射狂犬疫苗。7 天后注射疫苗的人，大多数难以阻止发病。但是，无论如何，对于已发病者，都要迅速送往医院救治。

30. 困在电梯里怎么办？

随着城市中高楼大厦的不断增多，电梯成了上下楼必不可少的代步工具。由于各种原因，时常会发生有人被困在电梯里的情况。当人被困在电梯里时，应当注意以下几个方面。

（1）不要害怕。任何电梯，都有防坠安全装置。即使停电，电梯也不会掉下去。

（2）电梯里装有警铃、电话和对讲机，当发生故障时，可用之求援。

（3）电梯天花板上有一紧急出口，救援人员会将被困人员从那里救出，被困人员千万不要乱爬。

（4）拍门求救。如果警铃、电话和对讲机失灵，则要用力拍门，大声呼救。

31. 怎样预防坠楼？

随着人们生活水平的不断提高，许多人都已住上了楼房。但是，学生因不小心而坠楼的事件屡有发生，对他们的生命安全构成了严重威胁。怎样预防坠楼呢？

（1）应警惕当人的胸部高于阳台或窗台墙面时，往往会因重心倾斜而发生坠楼危险。

（2）不许站在椅子、凳子或桌子上向窗外探头，更不能探身窗外。

（3）在走廊、楼顶大阳台上，不能踢球、追跑或打闹，更不能登上围栏玩耍。

（4）在大扫除时，不要站在阳台或窗沿上打扫卫生，以免失去重心。

32. 学生在绝境中怎样依靠自己脱险？

如果在野外遇险，与同学或家人失去了联系，判定不会有人前来营救，则不宜留在出事地带；若有把握到达安全地域，则要尽快离开现场，自力脱险。

（1）临行前做好准备，一是明确到达的目的地和行进路线；二是将身边所有装备归拢在一起，以确定必须携带的东西，行装要轻，但火种、急救包、指南针、水壶、口粮等切不可不带。

（2）确定方向后，在现场留下衣物，并在出发时和行进中标出自己前进的方向，以备有人前来营救时，可作为寻找线索。

（3）准备足够的水。

（4）为保持体力，应合理安排休息时间。

（5）通过沼泽时，带一根结实的长木棍，用来探测沼泽深度和支撑身体。在行走时，必须一只脚踏实，再移动另一只脚，不要冒失窜跳快走。

（6）夜间的能见度差，容易发生扭伤、摔伤等意外事故。因此，非不得已时，不在夜间行进。

33. 同学遭受挫折有出走、自杀可能时怎么办？

（1）应有正义感和同情心，要想办法帮助同学。

（2）可以想办法帮助同学克服困难，消除心理障碍。可以发动同学，也可以找老师商量，还可以给报纸、电台的有关栏目写信求助。

（3）要善于观察，及时察觉危险的苗头。当发现自己的同学在近段时期内情绪、行为反常，沉默迷惘、精神恍惚时，应及时向老师反映，求得帮助。

（4）发现同学外出不归，可能会出现问题，要及时向校领导、班主任和学校有关部门反映，以便由组织出面而尽可能采取补救措施。

34. 学生在节假日期间应当注意什么问题？

（1）忌娱乐过度。节假日应以休息为主，娱乐为辅。娱乐过度，会直接干扰饮食、睡眠等其他正常的生理活动，还会引起头痛、头晕、恶心等症状，甚至导致一些疾病的发作。

（2）忌暴饮暴食。大量进食会引起消化不良和食欲不振，甚至导致急性胃扩张、急性胃肠炎、急性胰腺炎等疾病。

（3）忌饥饱不均。因为食物在体内的消化、吸收自有规律，规律被打乱，对身体有害。

（4）忌饮酒。学生正处在身体发育阶段，酒中含有乙醇，对身体发育有刺激作用。

（5）忌吃腐烂食物。食用腐烂食物易诱发肠道疾病。

（6）忌自我放任。节假日休息时，学生如果太放任自己，有可能出现意外伤害，如烫伤、烧伤、爆竹炸伤等。

（7）忌违章行车。节假日人多车多，探亲访友时千万不可性急。切莫爬车、挤车、拦车、飞车，以防车祸。

35. 当遇上骚乱时怎么办？

目前，随着社会的发展与变革，各类形式的大型活动日趋增多，如球赛、产品展销会、游园活动等。而此类大型活动由于人多、面广、成分复杂，稍有不慎或管理措施不到位，就容易发生骚乱，引起纠纷。

当遇上骚乱时，学生应当怎样自我救护呢？

（1）不要参与骚乱。不要感情用事卷入胡闹者行列，处于闹事区的中心是最危险的，一旦拥挤或发生建筑物塌坍，后果不堪设想，而且极有可能被闹事分子所利用。

（2）迅速远离闹事区。万万不可凑热闹或为了看个究竟而硬往事发中心挤。这是因为学生年小体弱，闹事时的人流往往能量极大，既无法预测，也难以抗阻。所以，宁愿“不明究竟”，也不要冒被踩伤的危险。

36. 在工地上玩耍有哪些不安全因素？

（1）工地用电电压为 380 V，比家庭民用电压高，且防护措施薄弱，易造成触电事故。

（2）雷雨天气，到工地用手接触铁丝等，也可能造成触电。

（3）工地上随时都可能发生重物下落，到工地玩耍易被重物砸伤。

（4）在危墙、危房或没拆完的房屋院墙边玩耍，随时有可能发生房倒墙塌、人员伤亡的危险。

（5）千万不能在起重机、掘土机、推土机等大型机械附近玩耍，以防重物下落。

（6）工地上的机器品种繁多，因好奇而擅动机器所造成的后果不堪想象。

（7）工地上的铁钉等锐物很多，尤其是刚拆迁的地方。在工地玩耍，脚很容易被锐物扎伤。

（8）在工地玩耍易落入地基坑或其他坑内。

37．当身体遇到伤害时，应当怎样维护自身权益？

（1）学生身体受到不法伤害之后，要及时通过学校、家人或本人向公安机关报案，以便及早查清案情，明确不法侵害人。

（2）在医院治疗时，应要求医生在病历中详细描述损伤情况，并向医生索取病历妥善保管。

（3）要通过公安机关或者律师及早取得证人的证词，以防证人对案件事实遗忘或因人为因素而不予作证。

（4）学生在治疗损伤的过程中，要服从医生的安排，合理治疗，不要盲目开药。因为不合理的支出是不被认可的。

（5）身体康复之后，要及时要求公安部门处理或到法院进行起诉，不要超过伤害案件为期 1 年的民事诉讼时效。

（6）在案件处理之前，要到法院部门进行鉴定，以明确伤害程度，为案件的定性处理打下基础，提供科学证据。

38．为什么“累”是一种危及生命的重要疾病？

随着社会竞争的日趋激烈，人们的生活压力已越来越大，因而“累”已成为人们生活中的普遍现象。正因为如此，人们往往会忽略其严重后果，直到酿成大疾时已悔之晚矣。在 2001 年 7 月 31 日至 8 月 11 日不到两个星期的时间里，国内有关媒体曾连续报道了三起过度劳累摧残健康的事件。

2001 年 7 月 31 日，因工作勤奋、忘我工作而被人们称做“拼命三郎”的山东青岛啤酒股份有限公司副董事长、总经理彭作义心脏病突发，不幸离世。

2001 年 8 月 7 日，著名导演冯小刚因长期劳累、体力透支导致植物神经紊乱，不得不住院接受治疗。

2001 年 8 月 11 日，著名导演古榕因超负荷工作，心脏病突发而被送进医院抢救，现已脱离危险。据了解，古榕的高强度工作方式被大家称为“魔鬼训练法”，每天排练时间都在 10 小时以上，夜间工作到凌晨三四点钟才能入睡。

在日常生活中，一些人特别是机关工作人员和脑力劳动者，时常会感到疲劳，并伴有全身肌肉酸痛、头痛、注意力不集中、记忆力下降等表现，甚至还会出现低热、咽喉疼痛、心悸、胸闷等不适感觉，但是到医院检查后并无异常发现，医生将此病诊断为“慢性疲劳综合症”（CFS）。

据统计，人群中有疲劳症状的约占 24%，其中症状持续 6 个月以上者约占 2%～4%，符合“慢性疲劳综合症”的约占 0.2%。这种强烈的疲劳感如果持续半年时间或者更长时间，就会造成人体内分泌代谢失调、神经系统调节功能异常、免疫力减低等。所以，CFS 患者较一般人患上呼吸系统、消化系统、循环系统各种疾病的概率增高。

曾经接诊过数位因疲劳而就医的心理咨询医生介绍，他们在与这些疲劳患者进行深入交谈后都发现，疲劳患者普遍存在很多心理问题，如人际关系、家庭婚姻关系、工作挫折、生活挫折等。例如，充当一种令人讨厌的角色或者陷入不幸的婚姻所具有的不良情绪，在还没有公开表达出来的时候，它们常常作为肌体的症状而表现出来，疲劳就是其中最常见的一种表现形式。因此，了解根本的心理问题是朝着医治疲劳迈出的关键性的第一步。

目前，“慢性疲劳综合症”的病因尚不十分清楚，可能与病毒感染、必需脂肪酸缺乏、B族维生素缺乏和免疫学异常有关。

“慢性疲劳综合症”的患者常常会被医生误诊为“神经衰弱”，因为本病常常有低热、咽喉疼痛及淋巴结肿大等症状。其实，CFS与神经衰弱是两种不同的疾病。

专家认为，治疗CFS主要采用药物和心理、物理治疗，不要单靠休息和服用安定药片来缓解疲劳。因为本病不是通过单纯的休息放松就能解决的。药物主要是B族维生素及微量元素和调节植物神经药物。当然，中医药治疗也有一定的优势。

39. 如何自测疲劳？

下面共列出了15项情况，请逐一对照。如果有2～4项情况，说明有轻微疲劳感，应注意休息和调节；如果有4项以上情况，说明属于过度疲劳，也许还潜伏着某种疾病，一定要好好休息并就医检查、治疗。

（1）早晨不能按时醒来，醒后懒得起床。

（2）走路抬不起腿。

（3）不愿参加社交活动，尤其不愿见陌生人。

（4）懒得讲话，说话声音细而微弱，自觉有气无力。

（5）坐下后不愿起来，时常托腮呆想发愣。

（6）说话、写文章时常出错。

（7）记忆力下降，想不起朋友的叮嘱或者忘记几小时前做过的事情。

（8）提不起精神来，依赖茶或咖啡提神。

（9）口苦无味，食欲差，厌食油腻，感觉饭菜没有滋味，总想在饭菜中加些刺激性调料。

（10）吸烟、饮酒的嗜好有增无减。

（11）耳鸣，头昏目眩，眼前冒金星，烦躁易怒。

（12）眼睛疲劳，呵欠不断。

（13）下肢沉重，休息时总想把脚架在桌子上或凳子上。

（14）入睡困难，易醒多梦。

（15）打盹不止，四肢像抽筋一般。

40. “慢性疲劳综合症”的诊断标准是什么？

“慢性疲劳综合症”是美国疾病控制中心建议使用的一个疾病名称。以前，人们对这种疾病的认识不足，所以很多患此病的患者都被误诊为“神经衰弱”。为此，美国疾病控制中心专门制定了一个诊断本病的标准。

（1）主要标准。

必须具备以下两项：①持久或反复发作的疲劳，持续时间至少6个月；②排除引起疲劳的内科或精神科疾病。

（2）次要标准。

至少具备以下症状中的八种：①大面积的头痛；②肌肉酸痛；③关节痛；④发热；⑤咽喉痛；⑥颈部或腋窝林巴结疼痛；⑦肌肉无力；⑧轻度劳动后有持续 24 小时以上的倦怠感；⑨精神神经症状（如易激怒、健忘、注意力不集中、记忆力减退、抑郁等）；⑩睡眠障碍；⑪性功能减退等。

（3）客观标准。

至少具备以下症状中的两项：①低热（口腔体温 37.6～38℃或 37.9～38.8℃）；②持续时间较长的非渗出性咽喉炎、咽喉部疼痛；③颈部或腋窝淋巴结轻度肿大，有压痛感。

41．与疲劳有关的疾病有哪些？

有些疾病会使人出现不自觉的疲倦症状，这时需要提高警惕，排除下列疾病后方能确诊“慢性疲劳综合症”：①感冒；②肝病；③糖尿病；④贫血；⑤消化道溃疡；⑥二尖瓣脱垂；⑦甲状腺功能低下；⑧过敏症；⑨忧郁症等。

42．你应当如何轻松度过每一天？

任何人都不想累，都不想让学习或工作填满自己生命的每一秒钟。但是，目前人们都是在快节奏、高竞争的现代社会中生存的，所以疲劳也是任何人都不可避免的问题。因此，为了自己的健康，为了自己的身体，要适度保养、合理调节，使自己轻松度过每一天。具体而言，应从以下几个方面着手。

（1）抽出时间锻炼。每周 2～3 次的有氧运动（如快走、晨跑、游泳、骑车等活动，都是简单易行且效果不错的有氧运动），每次 20 分钟到 1 个小时，就足以恢复体力了。

（2）不要少吃一日三餐中的任何一顿饭。超过 3 个半小时以上不进食，人体中的血糖浓度就会急剧下降。如果血糖浓度不及时得到补充，就很容易引发疲劳和厌倦的情绪。当没有时间吃饭时，也应该吃点水果或低脂饼干，以补充能量，但这必须是在万不得已的情况下。

（3）保证充足的睡眠。不要以为牺牲睡眠，就可以为自己赢得更多的工作时间。其实，由于疲劳而造成的效率低下，只会让人得不偿失。如果入睡很慢或者每晚的睡眠质量都不理想，就有必要改变一下自己的生活习惯了。一般来说，最好不要在晚上干一些容易令人兴奋的工作。

（4）减少鼾声影响。如果同居一室的人每晚鼾声如雷，一定要采取一点措施。测验表明，和每晚打鼾的人睡在一起，睡眠受到的影响不亚于少睡一个小时。因此，要想办法帮助室友或家人消除鼾声，或离他们远一点睡觉。

（5）订一本饮食或健康杂志。每月或每周有一份饮食或健康杂志送到手中，能及时提醒人们关注自己的健康状况，改善不良的生活习惯。

43．如何通过科学饮食来消除疲劳？

（1）维生素。B 族维生素和维生素 C 等，有助于将人体内积存的代谢产物尽快处理掉。所以，食用富含维生素的食物，能使人消除疲劳。

（2）碱性食物。疲劳是由于人体内环境偏酸而引起的。所以，多食一些碱性食物，如新鲜蔬菜、瓜果等，能使人消除疲劳。

（3）高蛋白。人体蛋白质消耗过多时，也会感到疲劳。所以，多吃一些富含蛋白的花生制品、豆制品、牛奶、肉类、鱼类和蛋类等食物，能使人消除疲劳。

（4）中草药。人参、银耳、田七、五味子、刺五加等中草药，都具有扶正固本、补气的作用。所以，食用这些中草药能改善人的神经系统功能，减轻疲劳感。

44. 为何要善待自己的器官？

一些人认为，人体器官过度劳累、过度损伤后，肌体的再生能力就会像汩汩的泉水一样，可以取之不尽、用之不竭。其实，这是一种误解。正是因为这种误解，人们往往不“节省”地使用自己的器官，甚至为了满足过度的欲望而虐待自己的器官、超负荷地使用自己的器官，从而加速自己器官的老化。

人们熟知过度的体力活动会造成肌肉、骨骼的损伤，但是却忽视了过度的劳累也会使心脏的冠状动脉壁、脑血管的动脉壁出现疲劳问题。由于血管疲劳，血管壁弹性纤维或平滑肌会发生微小断裂，如不尽快休息，小损伤不能及时修复，在升高的血压作用下，血管往往会破裂。由于血管疲劳，血管内膜损伤而变得粗糙，容易形成血栓而造成组织梗塞。由于过度的脑力劳动和睡眠过少，肌体内合成代谢不足，胃肠道黏膜在消化、吸收过程中得不到及时更新，小损伤得不到及时修复，长时间积累，胃肠道就会发生溃疡和炎症。

在没有疾病、未面临死亡威胁时，人们的需求往往不是健康、不是求生，而是享乐、名利、自我价值的实现，因而整日玩命地投入工作和娱乐。这样，往往是吃健康的老本，对现实得过且过，而对未来存有侥幸，对疾病常常回避。但是，真正到了疾病缠身或者将不久于人世时，才知道自己身体的重要和生命的宝贵，这时后悔已晚，这真是“夕阳无限好，只是近黄昏”！因此，平时务必要关心自己的身体、珍惜自己的生命，要劳逸结合、健康成长！

45. 为什么说“电磁辐射”是21世纪的“现代砒霜”？怎样防治“电磁辐射”？

随着科学技术的迅猛发展和人们生活质量的不断提高，现在越来越多的各种现代化电器已进入了人们的家庭。然而，家用电器、电线等产生的电磁场这一无形的“杀手”，同时也在威胁着人们的身体和健康。瑞士的研究资料表明：周围有高压线经过的住户居民，患乳腺癌的概率要比一般居民高 7.4 倍；而在高压电线附近工作的工人，其癌细胞生长速度要比一般人快 24 倍。中国消费者协会 2001 年第 9 号“消费警示”告诉人们：“百姓生活，应远离电磁辐射！”

（1）电脑——既帮人，又毁人。

中国消费者协会调查研究表明：我国内陆某省对某专业系统中的 16 名女性电脑操作员进行追踪调查发现，接触组的月经紊乱明显高于对照组。其中，8 人 10 次怀孕中，就有 4 人 6 次出现妊娠异常现象。

有关研究报告指出：孕妇每周使用 20 小时以上的计算机，其流产率会增加 80%，同时畸形儿的出生率也会有所上升。

医学专家认为，磁感应强度超过 0.2μT 的电磁场，容易使人诱发癌症，尤其会使儿童白血病患者增多。目前，意大利全国每年都有 400 多名儿童患白血病，其中 2～7 岁儿童的发病原因主要是距离电线太近而受到过强的电磁辐射。有关专家对长时间在输电线、电源线附近工作人员的进一步调查发现，目前家庭所有用电器设备和电源线造成的低频磁场，都可能使人体致癌，并增加淋巴组织瘤和白血病的发病率。

目前，在我国每年出生的2000万儿童中，有35万为缺陷儿，其中25万为智力残缺，有关专家认为电磁辐射也是影响因素之一。世界卫生组织认为，计算机、电视机、移动电话的电磁辐射，均会对胎儿产生不良影响。

（2）把“电磁辐射”比作“现代砒霜”不为过。

电磁辐射具有无色、无味、无形等特点，可以穿透包括人体在内的多种物质。各种家用电器、电子设备、办公自动化设备、移动通讯设备等装置，只要处于操作使用状态，它们的周围都会存在着电磁辐射。

专家一致认为，人体如果长期暴露在超过安全的电磁辐射剂量下，人体中的细胞就会被大面积杀伤或杀死。

应当指出，不同的人或同一人在不同年龄阶段，对电磁辐射的承受能力是不一样的。老人、儿童和孕妇，属于对电磁辐射比较敏感的人群；而心脏、眼睛和生殖系统，则属于人体对电磁辐射比较敏感的器官。

据专家介绍，人长期处于高电磁辐射环境下，会使体内血液、淋巴液和细胞原生质发生改变，影响人体的循环系统、免疫、生殖和代谢功能，严重的还会诱发癌症，并会加速人体的癌细胞增殖；装有心脏起搏器的病人处于高电磁辐射的环境中，会影响其心脏起搏器的正常使用。特别值得注意的是，电磁辐射对人体的影响是缓慢的、无形的，对身体的损害因积累而产生，因此它的危害又常常不容易被人们所察觉。

（3）自我保护是防范电磁辐射的“灵芝草”。

中国消费者协会郑重提醒广大消费者注意：每个人都要提高自我保护意识，重视电磁辐射可能对人体产生的危害，加强下列安全防范。

① 不要把家用电器摆放得过于集中，或经常一起使用，以免使自己暴露在超剂量电磁辐射的危险之中。特别是电视、电脑和冰箱等电器，更不宜集中摆放在卧室里。

② 各种家用电器、办公设备和移动电话等，都要尽量避免长时间操作。例如，电视、电脑等电器，需要较长时间使用时，应至少每隔1小时离开一次，并采用眺望远方或闭上眼睛的方式来减少眼睛的疲劳和所受电磁辐射的影响。

消费者如果长期处于超剂量电磁辐射环境之中，更应当注意采取以下自我保护措施。

① 居住、工作在高压线、变电站、电台、电视台、雷达站、电磁波发射塔附近的人员，佩戴心脏起搏器的患者，经常使用电子仪器、医疗设备、办公自动化设备的人员，以及生活在现代电气自动化环境中的人群，特别是抵抗能力较弱的孕妇、儿童、老人及病患者，有条件的应当配备针对电磁辐射的屏蔽防护服，将电磁辐射最大限度地阻挡在身体之外。

② 电视、电脑等电器的屏幕产生的电磁辐射，会导致人体皮肤干燥缺水，加速皮肤老化，严重的还会导致皮肤癌。所以，在使用完上述电器后，应当及时洗脸。

③ 多食用胡萝卜、豆芽、西红柿、油菜、海带、卷心菜、瘦肉、动物肝脏等富含维生素A、C和蛋白质的食物，以利于调节人体电磁场紊乱状态，加强肌体抵抗电磁辐射的能力。

（4）绿色消费是对电磁辐射标本兼治的好方子。

有关专家一致呼吁，各生产企业都要本着预防电磁辐射危害和保障消费者安全、健康的目的，积极研制和推广科学、有效的防电磁辐射技术，让高新科技产品能科学、高效地服务于广大消费者；同时，还要积极开发超低电磁辐射的电器、设备，以满足广大消费者的绿色消费需求。

随着消费者健康、安全意识的不断提高，绿色、健康的产品必将成为未来各种电器、设备的发展趋势，并且备受消费者的青睐，这也为企业带来良好的市场前景。

有关专家强烈呼吁，各行政主管部门要采取下列措施。

① 制定相应的行业规范。要求生产各种电器、设备的企业，都要在说明书上标明产品的电磁辐射程度及安全防范措施，以此来指导消费者如何正确使用和安全操作。

② 加强对已有防电磁辐射产品广告宣传的监督管理，制定相应的功能标准，让消费者放心使用。

③ 进一步加强与人们工作、生活密切相关的各种电器、设备电磁辐射水平的监督管理力度。

④ 重视电磁辐射的危害性，将电磁辐射的治理纳入正常的社会环境保护范围，有效地保护消费者、劳动者的合法权益，从而促进环境保护，营造绿色的生活空间。

近几年来，在有关专家的一致强烈呼吁下，电磁辐射对人体的危害已逐步受到了人们的重视。2000 年，在国家经贸委制定、颁布的《劳动防护用品配备标准（试行）》中规定："中华人民共和国境内国有企事业和个体经济组织等用人单位，对红外线探伤工、载波（微波）操作工、计算机操作工、中频炉工、输配电检修工、输配电巡视工、变电运行工、电缆检修（安装）工、波纹焊操作工、微波监测值机员、有线机务员、电视剪辑员、雷达机务员，都必须按要求配备防电磁辐射的工作服及工作帽。"

46. 洗熨衣物的"十技巧"是什么？

（1）熨丝织品时，要从反面轻轻地熨，不宜喷水，若喷水不均匀，熨后局部会有皱纹。

（2）洗过的真丝衣服，一般很难熨平。将衣服喷水后装入塑料袋内，放在电冰箱中冷冻 5 分钟后熨烫，效果将大不一样。

（3）熨尼龙和人造丝织品要特别小心，切不可温度过高。

（4）腈纶服装有了皱褶，只需用稍热的水浸泡一下，取出后稍用力拉平，轻的皱褶便会消除。

（5）熨烫弹力呢料的衣服，熨斗的温度不宜过高，压烫时间不宜过长。倘若衣服被熨烫或磨出亮光，可用较湿的布盖在亮光处，再用熨斗烫，亮光就会消失。

（6）欲消除衣服上因久穿、熨后出现的"极光"，可以淋上少量食醋，或用毛巾蘸醋擦拭后熨除。

（7）白色衬衣经过多次穿用、洗涤，容易发黄，如果经常用淘米水浸洗，就不易发黄了。衣服洗净后，再放入滴有蓝墨水的清水中清洗，对防止白衣发黄也很有效。

（8）毛线衣穿久了会变得松大而不合体，欲使其恢复原状，可用 70～80℃的热水烫一下。注意水不宜过热，以免缩得过小。

（9）羽绒服、毛衣、毛料服装等洗后会板结，失去柔软蓬松的手感。如果在最后一次漂洗的水里倒些护发素，轻揉数分钟后脱水、晾干，衣服会柔软馨香。

（10）黑色毛织物穿久了就会变得不鲜艳，若用煮菠菜的水洗一下，就可使其艳丽如新。衣物上不慎沾油漆，用汽油、香蕉水消除，会影响衣料质地，有效的办法是在沾漆衣服表面涂清凉油少许，过数分钟后，用棉球顺衣料的纹路擦拭，会收到理想的效果。

47. 如何巧用茶水洗毛衣？

毛衣（线）脏后可用茶水洗，这样做不仅能把尘垢洗净，还能使毛衣（线）不褪色，延长其寿命。具体方法是用一盆热开水泡一把茶叶，待茶叶泡透水温凉后，滤出茶叶，把毛衣（线）放在茶水中浸几分钟，然后轻轻搓几次，再用清水漂洗干净，挂在阴凉处自然干燥，至大半干时，再放到室外晾晒。

48. 如何妙用电吹风？

（1）电冰箱每次化霜需要较长时间，若打开冷冻室门，用电吹风向里面吹热风，则可缩短化霜时间。

（2）电视机或其他家用电器，在阴雨黄霉季节受潮而影响正常工作，可用电吹风来驱潮。

（3）烤鸭买回后容易冷却，冷却后鸭皮发韧，可用电吹风将鸭吹热，鸭皮又会像刚烤好的那样脆热了。

（4）身体的某一部位被划破，若出血较少，借助电吹风向伤口吹热风，短时间内可使伤口结痂。

（5）感冒初期，流清涕，若用电吹风对鼻孔吹入热气，约10分钟，可使流涕症状减轻。

49. 穿牛仔裤和免烫衣时为什么要倍加小心？

2003年1月1日，国家质检总局正式实施了《纺织品甲醛含量的限定》。这是我国首次对服饰、面料、辅料等纺织品中的甲醛含量实施强制性限定。

国家质检总局宣布，2003年起我国将全面封杀有毒服装，凡面料中甲醛含量超过规定标准的一律不得上柜销售。这不仅可以有效维护消费者的健康，更有助于提高我国服装的声誉和国际竞争力。

甲醛是一种化学制品，在纤维制品中主要用于染色助剂和提高防皱防缩效果的树脂整理剂。含有甲醛的纺织品制作成服装后，在穿着过程中会逐渐释放出游离甲醛，并通过人体呼吸道及皮肤接触引发呼吸道和皮肤的炎症，还会对眼睛产生刺激，甚至会致癌。

人们常常穿色泽深浅不一的牛仔裤，但穿着这类牛仔裤往往要小心。因为在其漂白、染洗的制作过程中可能使用甲醛，如果甲醛超标，则会对身体产生危害。

事实上，凡需经过漂染的服装，如牛仔服、休闲服等，都可能使用甲醛。

一般来说，免烫的衣服甲醛含量较高。消费者在购买免烫衬衫后，要打开包装晾一至两天，或下水浸泡洗涤，使其残留的甲醛得以释放化解。

50. 如何走出睡眠误区？

有专家指出，由于睡眠不足、睡眠质量不好，超过半数的人白天精神不振、打磕睡，27.7%的人情绪不佳，38.9%的人白天活动受限。但是，如此严重的睡眠障碍并没有得到人们应有的重视。大约半数人对此只是听之任之，没有采取任何措施。另外，许多人在睡眠问题上存在着误区。

误区一：躺在床上闭目养神也可以满足身体对睡眠的需要。

错！睡眠对健康如同饮食一样不可或缺，而休息是无法取代睡眠的。

误区二：如果打鼾既不影响别人也不会闹醒自己，那就没什么害处。

错！打鼾表明存在着威胁生命的睡眠障碍，被称为睡眠窒息，其患者打鼾声音高且夜间频繁发作，伴喘息式呼吸甚至惊醒。这必然造成白天倦怠无比，且会增加意外事件和心脏疾病的发生率。但95%的睡眠窒息患者并未意识到自己有着严重的睡眠障碍。而令人欣慰的是，患者经治疗后可改善睡眠和觉醒，降低意外和心脏疾病的发生率。故打鼾者应积极向内科医生和睡眠专家咨询。

误区三：有的人从来都不会做梦。

错！虽然很多人醒后不觉得曾做梦，但其实每晚梦都会如约而至。梦境在睡眠的快速动眼期表现得最为生动。

误区四：年龄越大，所需睡眠时间越少。

错！睡眠需要量在成年人阶段变化不大。老年人夜间醒来次数较多，从而睡眠时间减少，但他们的生理需要量与年轻时相比并未减少。只不过他们夜间睡得少，白天就相应睡得多而已。虽然睡眠困难现象在老年人中十分常见，但年龄并非主要原因。如果由于不良睡眠习惯或健康原因而致睡眠困难，可以求助于内科医生。

误区五：驾车时开大收音机音量会有助于保持清醒。

错！如果驾车途中感觉无法保持清醒，权宜之计是在安全地带停车小憩，或饮用咖啡类饮料。双管齐下可能会更有效，比如，先喝咖啡，而后趁咖啡尚未起效小睡一会儿。然而，真正有效的解决办法是防患于未然：充分休息后再出发。调查显示，开大收音机音量与嚼口香糖、打开窗户等一样收效甚微。

误区六：睡眠障碍主要由忧虑和心理原因引起。

错！应激才是引起失眠（入睡困难或频繁醒来）的首要原因。但同时，它也只是部分人慢性失眠或白日困倦的原因。睡眠障碍是由多种因素引起的。

误区七：大多数睡眠障碍可不治自愈。

错！不幸的是，很多因睡眠障碍而痛苦的人并未意识到这是种疾病，更不知道它是可以治疗的。目前的治疗方法有行为疗法（比如，每天定点入睡，定时醒来，有规律地小睡或减肥）、药物疗法、手术疗法及联合疗法。睡眠障碍是不会自行消失的，听任其发展下去，会造成很大的负面影响，降低生活质量，破坏人际关系，影响社会表现，甚至导致意外发生或死亡。

51. 在家教陷阱中，犯罪分子常用骗术伎俩有哪些？

对于任何陷阱，犯罪分子都会想方设法用各种骗术遮掩。在家教陷阱中，犯罪分子常用的骗术伎俩主要有以下几种。

（1）甜言蜜语。有的歹徒为了争取对方的信任，往往专拣一些恭维奉承的话语来麻痹人的警惕性，尽可能多地了解对方的性格弱点，寻找突破口，然后再用一些小动作来试探，如送个小礼物、请吃饭、找机会聊天等，摸清底细后便伺机下手。

（2）高薪诱惑。利用大学生急于找工作而家教市场又竞争激烈的心理，以多出几倍的高薪相许诺。这些骗子表现得特别有钱有势，出手慷慨大方，但实际上却怀有不可告人的目的。

（3）循序渐进。这是一些经济富有的人常用的手法，这些骗子一般不使用强迫手段，他们可能花费几个月甚至几年的时间进行感情“培养”，用小恩小惠骗取信任，由于这种骗术很具有隐蔽性，所以往往难以提防。

（4）急迫型。表现出很急迫的样子，刚见一面就请试讲、要求跟着他回家谈谈，如遭拒绝，就用话语相激，如“你不去我可要找别人啦”、“真傻，还有送钱不挣的”等。一旦中计跟着他走，往往非常危险。

52．如何避免家教陷阱？

目前，许多从事马路家教的大学生由于年龄小，社会经验欠缺，往往容易在人身安全与经济安全方面受到侵犯与损害。要想做到避免人身安全与经济安全受损，应注意以下几个问题。

（1）首先要对家教工作的风险性有足够的认识，而大多数做家教吃了亏的大学生一开始都没有把家教视为一种风险工作，缺乏必要的物质与心理准备。

（2）无论人身安全还是经济安全，都要讲究防患于未然，“再高级的陷阱看穿了都没用”。

（3）与家长第一次见面，一定要弄清对方的身份、工作单位及住址，身份证号码、电话号码也都要落实清楚，也可以打电话给对方单位做一个简单了解。

（4）对于无业、独身、住在城郊接合部、既无联系电话又无经济来源的单身男子，要特别小心。

（5）要问清孩子的情况。骗子往往都是醉翁之意不在酒，对于孩子的事，他们最容易露马脚，要细致地询问孩子的情况，如在哪所学校、学习上有什么弱点等，一般的家长都能很细致地回答出来。

（6）在做家教的过程中，要把握住工作与友谊的度，千万不要轻易接受对方的钱物。

（7）女生要有遇到风险的心理准备，遇到突发事件时不能慌乱，机智勇敢地处理好危险。

（8）女大学生在做家教时，最好给同学打个招呼，晚上两人结伴或有男同学陪伴会增加安全系数。

（9）签订协议。关于经济安全，是目前家教中最容易出现的被侵害的情况。做了数月的家教，最后家长以没有把孩子辅导好而拒绝付钱，这样的纠纷难以解决，吃亏的还是学生一方。事实上，家教也是一种劳动关系，必须事先有明确约定，比如双方的权利和义务，授课费要单独约定，奖金也要有约定，不能因为孩子的成绩上不去就连授课费也不付了，这样的约定起码能在法律上保护自己的利益。

53．什么是心理健康？

“心理健康”一词，最早出现在美国C · W · 比尔斯的《一颗自我发现之心》一书中，现在指研究维护与增强心理的原则和方法，提高人的社会适应能力的一门心理学分支学科。

所谓心理健康，就是人在一定的社会环境中，在高级神经功能正常的情况下，其智力正常、情绪稳定、行为适度，具有协调关系和适应环境的能力及特性。

但是，心理健康也不是对任何事物都能接受的，只是表现出一种积极的适应倾向。

另外，心理健康并不是一种固定状态，而是一种不断发展的动态。

54．学生心理健康有何重要意义？

不健康的心理，往往会导致错误的行为。据报载，为搞到200元钱还债，大连市18岁的中专生朱某，残忍地杀死了职高生周某的奶奶，盗走近5000元人民币。另据报载，湖北省某职业学校女生和社会青年勾结，多次殴打并帮助流氓奸污本寝室一女生；陕西省某职业学校学生刘某因泄私愤，竟往自家亲属的食物中投毒。

心理健康对大中专院校学生有着重要意义，这主要表现在自我发展与社会发展两个方面。

从大中专院校学生自我发展来看，心理健康具有十分重要的意义。具体而言，主要表现在以下几个方面。

（1）心理健康有利于大中专院校学生生理健康。健康的心理对其生理发展具有重要的、积极的促进作用。它不仅可以减少疾病的产生，而且可以增强病人战胜疾病的勇气和信心，促进疾病的康复。

（2）心理健康可以促进大中专院校学生良好的道德品质的形成。心理健康的人能正视现实，注重实际，不想入非非；能承受挫折，战胜困难；能通情达理，适应环境。这些良好的心理素质对大中专院校学生形成良好的道德品质有积极的促进作用。

（3）健康的心理能促进大中专院校学生完美人格的形成。心理健康的人有强烈的自我发展倾向，对自身各种个性特点有客观的认识，既不狂妄自大、目空一切，也不妄自菲薄、自甘堕落，而是能自我加压，战胜自我，培养完美人格。

（4）健康的心理能促进大中专院校学生学习、工作效率和生活质量的提高。心理健康的人，能正确处理主观与客观关系，找到两者间的最佳结合点；有良好的意志品质，在学习、工作过程中自觉性高且有毅力；能不断调整自己，积极地去适应各种复杂多变的环境；有乐观向上的精神，对生活富有情趣，充满活力。它是生活和生存的需要。

（5）健康的心理能帮助大中专院校学生适应社会。心理健康的人既能接纳自己，也能接纳别人，在各种人际交往中既热情、宽容，又有礼节，人际关系能和谐协调发展。

从社会发展来看，学生的心理健康水平直接反映学校精神面貌，影响到社会精神文明和社会风气。一个学生之间充满嫉妒、争斗、冷漠、紧张、恐惧、悲观等不良心理的学校，校风校貌不可能纯正和美好。相反，学生之间、老师之间、学生和老师之间充满友爱、谅解、宽容的校园，一定是生机勃勃、蒸蒸日上，具有现代精神文明。

学生的心理健康水平影响到家庭生活、父母之间的关系，进而影响社会的安定和发展。青年学生是未来社会的主力军，其心理健康水平决定了未来社会人际关系的和谐和社会安定的程度。因此，培养学生良好的心理健康至关重要。

55. 学生心理健康的标准是什么？

心理健康是健康不可分割的一部分，但由于心理健康缺乏像生理健康那样可测量的较准确的指标，因此至今只能是描述标准和解释标准。人类完整的心理（知、情、意活动和个性心理特点）是通过个体在社会活动中以行为方式表现出来的。因此，心理健康与否主要是从社会、心理、生理（行为）几个方面进行描述和解释的。

心理健康的标准内容，因人体不同的发展阶段而有所不同。大中专院校学生心理健康标准，主要包括以下几个方面的内容。

（1）智力发展水平基本正常。智力发展基本正常或智力发展处在中下等水平者，只要经过教育和训练，都可以成为一个心理健康的人。如果智力水平不正常，连起码的认识能力也不具备，心理健康就无从谈起。因此，教师和学生都要树立一个思想观念，就是不要忽视帮助那些智力水平中下等的学生。

（2）具有一定的技能并投入工作。美国哈佛大学的著名心理学家、人格特征理论的创始人奥尔波特非常强调技能的重要性，认为心理健康的人具备各种技能，并积极投入到工作中去，努力使自己成为某项工作的高水平胜任者。

（3）与年龄阶段相符、与同龄人相似。人的心理和行为是随着年龄的增长而不断发展变化的。不同年龄阶段，其知觉、思维、情感、兴趣、行为方式等有不同的特点。大中专院校学生的年龄大都处于15～25岁，这个时期正是人生中精力最充沛、思维最敏捷、情感最活跃，同时又是逐步走向成熟的时期。其行为上表现为朝气蓬勃、活泼好动，同时又日趋老练、稳重。如果这时仍像小学生那样喜怒无常，吵吵闹闹，则是一种心理不够健康的体现。与同龄人相似，是指心理和行为与同龄人的心理和行为相似。例如，同龄人喜欢的事物自己不喜欢，而同龄人不喜欢的自己却很喜欢；大多数同龄人不动情的事自己却感情冲动，大多数人动情的自己却无动于衷等，这时则要考虑自己的心理是否有问题了。

（4）善于与人相处，悦纳自我，同时又乐意接纳他人。大中专院校学生与小学生相比，独立意识迅速增强，社会活动范围扩大，活动能力大为提高。因此，善于与人相处，是心理健康的一个重要标准。具体而言，应具备下列特点。

① 悦纳自己。能正确认识自己，既能认识自己的优点和成绩，也能认识自己的缺点和失败。做到既不狂妄自大，也不妄自菲薄；既不丧失自我，也不孤芳自赏。

② 能接纳他人，乐于与别人交往。心理健康的人是能容人的，能在悦纳自己的同时，接纳他人，做到积极交往，乐于助人关心人。

③ 心理健康的人在集体中有许多自己的朋友。

（5）情绪稳定，心态乐观。大中专院校学生情绪的特点之一是不够稳定，波动性较大，往往是“常立志”。大中专院校学生的情绪应和环境相适应，保持稳定愉快。一个心理健康的人，任何时候都会乐观而不绝望。即使在生活和学习中遇到挫折或失败，也能学会自我调节，也绝不会失去生活的热情。

（6）意志坚定，有良好的自制力。心理健康的人必须是一个意志坚定的人，意志坚定主要表现在行动的自觉性和对事业的耐挫力上。大中专院校学生尤其要重视自己良好的意志品质的培养。因此，当不能圆重点大学梦的时候，当选择的专业自己不喜欢的时候，不要心灰意冷，怨天尤人，要摆正自己的位置，重整旗鼓，开辟新的天地。

（7）适度的反应，恰当的行为。人的反应能力是存在差异的，有的反应敏捷，有的反应迟钝。但是，这种差异有一定的限度，超过一定的限度就不正常了。一般来说，反应异常敏感或异常迟钝均属心理不健康的表现。对事物一概不反应，这是患了严重的心理疾病；对重大刺激无动于衷，反应微弱，也是不正常的现象；而对任何事物都反应强烈，一点小事就大惊小怪，心惊肉跳，稍有意外就惶惶不可终日，一遇到挫折就无法忍受等，都是心理反应不正常的表现。

（8）言行一致，具有正确的自我意识。心理健康的大中专院校学生，其人格的各个结构要素都无明显的缺陷与偏差，具有正确的自我意识。既有自知之明，又能根据自己的情况调整和完善自我；既不自视清高，也不自惭形秽；言行一致，说到做到，想的、说的、做的完全一致。

（9）个人需求与社会要求较吻合。心理健康的大中专院校学生，能够融入社会，并能正确地认识和了解社会，使自己的信念、目标、行为与时代合拍，与社会需求相吻合；一旦发现自己的需要、愿望与社会要求、他人利益相冲突，即能改正自我，调整自己，以保持与社会的协调一致。如果为了实现个人的愿望，不顾社会道德规范与法律的约束，妄取强求，则是过于自私的表现，是一种不健康的心理状态。

以上九点可以作为衡量大中专院校学生心理是否健康的尺度。大中专院校学生应掌握这些标准，对照自己，一旦发现自己的心理活动严重偏离标准，则需要及时地进行心理咨询和矫正。

56. 影响学生心理健康的因素有哪些？

影响大中专院校学生心理健康的因素是多种多样的，包括遗传因素、生理因素、社会环境和教育方式，以及学生个性与突发性事件等。这些因素都会对心理健康产生很大影响。

（1）遗传因素。遗传学研究发现，不仅人的相貌、体型等与遗传有关，而且人的气质、智力等也与遗传有关系。如果父母或祖辈的遗传基因有缺陷，尤其是家族史上有精神病史，可能影响后代的身心健康。美国精神病学家考尔曼（Kallmann）对精神分裂症的研究证明：父母均为患者，子女发病率为 68.1%；一方是患者，子女发病率为 16.4%；兄弟姐妹有此病，其亲属发病率为 14.2%；家族无此症，子女及亲属的发病率为 0.85%。可见，血缘关系越近，精神病的发病率越高。

此外，母亲孕期身体不好、情绪欠佳、营养不良或服用副作用大的药物，分娩过程出现早产、难产等，对子女的心理健康均有不同程度的影响。

由此可见，大中专院校学生的心理健康状况在一定程度上与遗传有关。

（2）个体的生理变化因素。大中专院校学生在校学习阶段，正是其生理结构发生较大变化的时期。在此时期性意识不断加强，各种生理变化，如人体素质、内分泌腺的活动、生理病变、躯体改变等都影响着大家的心理，学生们开始注意自己的容貌、体格、姿态、语言等，对自己的缺陷和弱点十分敏感。例如，身体有残疾，个子过矮，身体过胖或过瘦，容貌上五官不正，患有白癫风，长有青春痘，说话时口吃等，均可引起心理上的不平衡，极易滋生自卑羞怯、敏感妒忌、孤僻乖戾、恐惧焦虑等一系列的心理问题或心理障碍。

（3）社会环境。社会环境主要包括学校、家庭和社会三大方面，它是影响青年学生心理健康的主要因素。

① 学校。学校是施加健康影响、培育健全人才的重要场所。然而，如果学校教育思想有偏差，教师方法不适当，校风、班风不良，则极易引发学生的不健康心理；如果教育方法简单粗暴，对后进生动辄讥讽、惩罚相加，则会严重挫伤学生的自尊心，使其变得意志消沉、自暴自弃或冷漠对立。校风、班风不正，比吃比长相，吸烟酗酒，不讲卫生，不尊重师长，打架斗殴，早恋逃学，破坏公物等现象若不及时制止，任其泛滥，会严重影响学生的心理健康。有的教师教学方法落后，为了工作需要临时改行上专业课，由于没有经过系统的专业培训，教学经验不足，难免会出现教师照本宣科，学生照书画书，教学活动枯燥乏味的现象。这会极大地影响学生的学习积极性，会使部分学生产生厌学情绪，进而诱发其他心理障碍。

② 家庭。研究证明：父母文化程度、行为举止、教育态度与方式、家庭成员之间的关系、经济地位等因素对大中专院校学生心理健康有较大影响。一些家长对金钱看得过重，对利益分得很清，几乎不谈理想，只谈实在的利益，很羡慕会赚钱的人，对子女的教育也

限于低层次上。这种享受实惠观加上无理想教育的家庭影响，使一些学生功利思想严重，只想早点赚钱，不想读书学好专业技能和本领，导致产生浮躁心理。在家庭关系上，父母不和、离异、继父继母虐待、家庭缺少和谐友爱，这些均会使大中专院校学生产生冷漠怀疑、妒忌仇视、孤独乖僻等不良心理。

③ 社会。社会的影响是多方面的。在社会竞争日趋激烈、商品经济越来越发达的今天，尖锐复杂的矛盾不可避免地投射到大中专院校学生的学习和生活中，从而导致部分学生产生一系列的心理问题，如精神高度紧张、恐惧、抑郁、焦虑等。受社会上金钱主义的影响，一些学生初中毕业后就去商场、饭店打工、做生意，他们虽然文化不高，但却赚钱不少，有些大中专院校学生受此影响便会产生读书无用的不良心理，再加上近几年社会上对职业教育的偏见，使部分大中专院校学生极容易产生自卑、消极、颓废的心理。

（4）负性生活事件的刺激。童年遭遇的负性生活事件所留下的心理创伤，极易影响学生心理健康的发展。例如，童年时遭遇过坏人的袭击或受过意外伤害，父母成天吵架或离异，中考时意外失败而遭受亲朋冷落，同学关系紧张不和，遭受教师的误解和指责等，都会在其心灵深处烙上不易磨灭的阴影，从而引起情绪上的强烈孤独与不满，造成心理失衡，出现心理障碍。

（5）不良情绪及个性发展的缺陷。情绪对大中专院校学生的影响极大，其中最突出的是情绪紧张、恐惧、忧虑。造成这种情绪的原因是生活或学习上遭受了严重的挫折，自己耐挫力差，不容易解脱。这种恐惧心理使自己的认识过程发生障碍、行为失调，使之变得谨小慎微、顾虑重重、焦躁不安、固步自封、束手束脚，甚至导致恐怖症。而大中专院校学生个性发展的缺陷，如性格乖僻、敏感多疑、自私偏激等，则很容易形成人格方面的缺陷。

57．什么是心理障碍？它有何表现？

心理障碍，又称“心理疾病”或“心理问题”等，是指当外界环境及社会条件的变化超出自己心理承受范围时所出现的心理轻度失常，以及与之相应的行为失常。换句话说，它是指大中专院校学生心理活动与行为的异常表现。主要表现为焦虑、愤怒、抑郁、情绪低沉或高涨、妄想、睡眠障碍、记忆障碍、智能障碍等。

58．如何正确认识心理障碍？

有些有心理障碍的学生由于对心理障碍或心理疾病缺乏科学的知识，一提及心理障碍就联想到四处游荡、蓬头垢面的“疯子”，对此惊恐万分，讳莫如深，视其如洪水猛兽，觉得“可耻”而处处回避，甚至讳疾忌医。这种错误的认识使一些学生既不能正确对待他人的心理疾病，也不能正确地认识和处理自己的心理障碍，其结果是对人对己都可能造成不良的后果。因此，对心理疾病或心理障碍，应从思想上端正态度，提高认识。

（1）心理障碍或心理疾病是可以预防和治疗的。某些心理疾病可能与其遗传因素有关，但更多的是后天的学习、生活适应不良造成的。因此，只要正确对待，许多心理障碍便会“不医而愈”。即使是一些精神病，只要坚持心理与药物治疗，迟早也会痊愈。因此，当个人患有心理疾病时，应坚定“遵从医嘱指导，将来定会治愈”的信念，积极主动地配合医生进行治疗，这样一定会治愈的。

（2）心理疾病并非可耻之病。生活中的许多人都以为患有心理疾病是一件见不得人的事，有的学生也深受这种思想的影响。其实，心理上出现障碍或问题并不会失去所有的生活能力和工作、学习能力。据调查，有心理问题或心理障碍的人照样可以为人类作出巨大的贡献。例如，美国第七任总统杰克逊（Andrew Jackson）就患有精神沮丧症；美国第十六任总统林肯（Abraham Lincoln）患有忧郁症；世界著名的作曲家韩德尔（Handel）、舒曼（Schuann），作家巴尔扎克（Balzac）、海明威（Hemingway），诗人拜伦（Byron）、雪莱（Sheliey）等都曾患过抑郁症。因此，应正确认识和对待自己的心理疾病，既不必为此而羞愧，也不必为此而时刻防范他人。

对正常人而言，对心理障碍者多给予同情、关心、爱护、帮助，创造宽松的环境，使他们获得安全感和信任感，则有助于改进其异常表现，使其逐渐恢复正常。

（3）心理障碍的预防。心理障碍或心理疾病是可以预防的。心理健康指导的职能之一，就是预防心理障碍的产生。而预防心理障碍产生的最好方法，就是保持和培养大中专院校学生健康的心理，提高适应能力。为此，应从以下几个方面着手。

① 淡泊名利，提高自己的修养。一个人如果太重名利，就会为名利所累，就会患得患失，睡不安宁。如果以名利为目的就会拼命去争，唯利是图，当他人成为自己谋取个人名利的障碍时，就会不择手段地去损人利己。正如马克思所说，“谁要是为名利的恶魔所诱惑，他就不能保持理智，就会依照不可抗拒的力量所指引给他的方向扑去。”由此可见，大中专院校学生只有把国家的荣誉和利益、人民的事业和利益放在首位，把个人的名利仅仅看成自己为人民服务而得到的一种回报和奖励，才能真正做到淡泊名利，提高自己的修养。

“修养”主要有两层含义：一是指一个人在理论、知识、技能、品德方面所达到的水平；二是指一个人在思想品质方面的进修提高。从字面解释，所谓“修”，主要是指陶冶、锻炼、学习和提高；所谓“养”，主要指培育、滋养和熏陶。“修养”的范围很广，有政治修养、理论修养、纪律修养、文化修养、艺术修养、道德修养等。其中，道德修养是大中专院校学生修养的一项非常重要的内容。道德修养是思想品质和思想意识方面的自我锻炼和自我改造。它包括依照社会主义的道德原则和道德规范而进行的反省、检查、自我批评和自我剖析，以及在实践中形成的情操和应达到的境界。

概括而言，大中专院校学生的修养就是使自己树立起正确的世界观、人生观和价值观，抵挡各种不健康的诱惑，保持身心的纯洁。

② 了解自我，对自己进行恰如其分的定位。俗话说：“知人容易知己难”，“人贵有自知之明”。不能正确认识自我，往往是形成心理障碍的重要原因之一。要保持心理健康，不仅要对自己的能力、长处、兴趣、性格等进行分析定位，更要了解自己的不足和缺陷，并要正视它们。如果对自己不了解，对自己的能力和水平估计过高，那么，不是感到怀才不遇、生不逢时，就是愤世嫉俗、狂妄自大，或是过分自卑焦虑，导致心理不平衡。因此，大中专院校学生应有自知之明，在充分了解自我的基础上，坦然地接受自我，既不过高估计自己，也不自欺欺人。这样才会心安理得，减少心理冲突，保持心理健康。

③ 正视现实，正确对待逆境。在现实生活中，“万事如意”对每个人来说都是不可能的。客观现实不以人的主观意志为转移，只能去充分认识和了解现实，适应和改造现实。这就要求人们面对现实，把个人的思想、愿望和要求与现实社会统一起来。有时身处逆境也是在所难免的，如学习专业课的困难、成绩的退步、班干部工作的辛苦、专业的限制、就业的艰难、同学间的摩擦、初恋的烦恼等。对此，应认清逆境的原因，鼓起勇气，培养

自己遇事不乱、应付自如的心理品质。而要形成这种优良品质，必须热爱生活、热爱学习；学会全面、客观地分析问题，不斤斤计较，不以他人之短度自己之长，不好高骛远；要有随时会遇到困难、挫折的思想准备；要善于调整自我与社会关系。

④ 培养良好的交往品质，建立良好的人际关系。良好的人际关系既是心理健康的前提，又是心理健康的表现。大中专院校学生应注意在人际交往实践中培养良好的交往品质，学习有益的交往技巧。一般来说，善于交往的人往往具有下列表现。

第一，善于发现和承认他人的价值，并且尊重他人、信任他人。

第二，对人宽容。能容忍他人有不同的观点和行为，不计较他人的过失，在可能的情况下尽力去帮助他人。

第三，喜欢运用微笑，而不是争吵、生气。

第四，常对别人表现出兴趣。

第五，乐于与人交往，愿意与多数人保持友谊。

第六，与人交谈时，善于从对方感兴趣的话题入手，表现出自己不仅是个善言者，更是个善听者。

第七，敢于表达喜怒哀乐，但不过分，能与人、与时、与场合协调起来。

第八，恰如其分地表现自己，不卑不亢，自然地与人交往，而不是刻意地引人注目、惹人喜爱。

第九，设身处地去理解别人，而不把自己的价值观、个性强加于人。

第十，重视人际交往，珍惜友谊，努力去做有益于发展人际关系的事，而避免做有害于人际关系的事。

第十一，与人交往时态度主动、积极、热情、真诚、友好，并在实践中和平时学习生活中仔细观察，努力培养，学会运用。

⑤合理安排学习时间，提倡科学用脑。大多数大中专院校学生不像普高生那样有沉重的升学压力。但是，学习压力可以激起学习的兴趣，提高学习效率，对心理的健康发展很有好处。因此，应提倡勤于用脑。大中专院校学生在校期间是学习专业知识和专业技能的最好时期。因为青年时期记忆力最强，精力最充沛，外界社会的干扰相对较少。同时，学校有良好的学习环境，有老师系统地传授知识，有专业学习所必需的设备、图书资料。因此，大中专院校学生应珍惜和利用在校学习的大好时机，努力把专业知识和专业技能学到手，将来可以更好地从事专业工作。

当然，学会科学地安排学习、工作和生活的时间是很有必要的。一般来说，每天学习时间不宜超过10小时。要学会休息，保证充足的睡眠；加强体育锻炼，积极参加课余活动，拓宽兴趣范围。只有这样，才能使学习、生活有张有弛、生动活泼，才能更好地提高学习效率，保持身心健康。

⑥克服不良心境，保持健康和愉快的情绪。健康、愉快的情绪是大中专院校学生学习和生活的重要前提。心理学家认为，良好的情绪有助于人的积极性的发挥，提高学习和工作效率，克服生活中的困难；而消极、不良的心境使人厌烦、消沉，百无聊赖，感受不到生活的乐趣。大中专院校学生应当学会克服不良心境，保持健康和愉快的情绪。为此，应当采取下列措施和方法。

第一，学会释放。

释放，是指当自己碰上烦恼、不顺心或伤心的事时，不闷在心里，而找有关的人说出来。这种释放，于身心有益。强制压抑情绪，会使内心痛苦难堪，长此以往则会导致心理疾病。俄罗斯有这样一句谚语：一个欢乐两个人分享，欢乐就变成了两个；一个痛苦两个人分担，痛苦就变成了半个。另外，哭也是一种释放，它能调整机体平衡，所以忧愁、烦恼时，即使大哭一场也未尝不可。

第二，学会“升华”。

“升华”，是指自己受挫折后，把压抑于心里的情绪冲动转向社会有益的其他活动中去，使精神有所依托，获得新的、更高的精神满足。如德国诗人歌德的名著《少年维特之烦恼》、法国文学家罗曼·罗兰的大作《约翰·克利斯朵夫》及画家达·芬奇的名画《蒙娜丽莎》，都是他们失恋或失去爱情后经过痛苦的煎熬后情感升华的结果。大中专院校学生应把自己的精力放在学习活动、集体活动、课外活动及体育锻炼上，使自己的精神世界在这些活动中充满生机，从而达到更高的境界。

第三，学会转移。

转移，是指把注意力从消极的心理情绪转移到其他事物上，以淡化或忘记那些令人不愉快的刺激。例如，心情不佳、忧愁郁闷或发怒时，最好去大自然中散散步；或是听听轻松愉快的音乐；或是看看喜剧电影、电视或幽默漫画；或与人聊聊天，参加一些公益活动；或是逛逛商店，为自己买件喜欢的小玩意等。这些转移均可以在一定程度上排遣内心的不快。

第四，学会原谅和同情。

原谅和同情可以解除人的不良情绪，化干戈为玉帛。裴斯泰洛齐曾经说过：“凭着热爱、原谅与同情，可以拯救头脑昏乱、受了惊骇的人。”因此，大中专院校学生应培养自己的爱心和同情心，学会换个角度考虑问题。当生活中出现了令人恼怒的情况时，若能体谅他人的处境，多角度地考虑事出因由，就可以淡化自己的恼怒、不满和不快的情绪。

第五，不妨有点阿 Q 精神。

阿 Q 精神即是精神胜利法。自我安慰的这种精神虽须扬弃，但在某些具体情况下，却能起到作用。例如，未考上普高时，可这样自我安慰：“上了普高，并不意味着每个人都能上大学，上不了普高照样可以成才。”再如，自己的相貌一般，可以这样自我安慰：“漂亮有什么用？又不能当饭吃，又不能提高学习成绩。”这种精神胜利法，看似消极、愚蠢，甚至可笑，但它确实可以在心理不平衡时进行心理安慰，以求得心理的平衡。

第六，学点“哭婆婆”的辩证法，多看事物积极的一面。

有一个传说，说的是一位绰号“哭婆婆”的老人家，不论晴天还是雨天，她都哭个不停。原来，老人家是为了两个女儿哭的。大女儿是卖雨伞的，小女儿是卖布鞋的。下雨天时，老婆婆想到小女儿，觉得一定没有顾客买她的布鞋，晴天时她又担心大女儿的雨伞卖不出去。于是一年四季，晴天阴天，老婆婆都是眼泪汪汪的。有一天，有人对她说：“你应该晴天时想起卖布鞋的小女儿，下雨时想到卖雨伞的大女儿，两个女儿都有不错的收入。”从此以后，“哭婆婆”再也不哭了，无论天气怎样，她都喜上眉梢，笑口常开。

这个故事告诉大家一个道理：任何事情都有其两面性，没有绝对的好，也不会有绝对的坏，乐观地看问题，看到的往往是积极的一面；悲观地看问题，看到的往往是消极的一面。例如，你本来想睡上铺床位，老师却安排你睡了下铺，这时如果你这样去想：“睡在下铺确实好啊，起码既安全又方便”，烦恼就没有了。因此，对任何苦恼只要想开了，就自得其乐。

第七，积极参加课外活动，丰富学习生活。

大中专院校学生的课外活动内容丰富多彩，富有时代气息，可促使心理的健康发展。如参加各类社会实践活动，可以了解社会实际，为自己今后适应社会、走向社会奠定基础。参加科技兴趣小组活动，可以充分发挥自己的潜能，激发广泛的兴趣，增强动手动脑的能力。参加琴棋书画、体育锻炼等活动，既可以陶冶人的情操，锻炼人的意志，扩大社交范围，塑造开朗乐观的性格，又可以提高各种能力，缓解心理紧张，释放多项“能量”。事实证明，多才多艺且心情开朗的人很少出现心理障碍。

59. 什么是早恋？

早恋是青少年性心理的外化，是性心理转化为性行为的一种实践。早恋是一个极不确定的概念，属于社会历史范畴。根据我国目前的情况，可以把早恋界定为“不到恋爱年龄而进行的恋爱”，属于一种不合时宜的失控行为。尽管国家并无关于恋爱年龄的具体规定，但人们习惯上以以下两个标准作为参照：一是生活自立程度；二是与法定最低婚龄相差的程度。如用以上两个标准来衡量，则大中专院校学生进行的恋爱，可以称为“早恋”。

60. 早恋的原因有哪些？

早恋的原因比较复杂。对此，可以从内因和外因两个方面去分析。

第一，早恋的内因主要有以下几个方面。

（1）大中专院校学生在性早熟生理作用下，过早地对性具有强烈的好奇心，产生接近异性、探索异性的想法和行动。

（2）周围同学讥笑，老师、家长压制男女交往，反使性好奇心获得强化，使原来似懂非懂的性心理迅速发展。

（3）自身道德观念薄弱，把恋爱视做儿戏，从不考虑爱情中的责任和义务。

第二，早恋的外因主要有以下几个方面。

（1）家庭严厉禁止，使一些学生产生逆反心理，有的故意去找早恋对象。

（2）有的学校、教师对早恋置若罔闻，或绝对禁止男女个别交往，一旦发现蛛丝马迹，不分青红皂白地定性为早恋，甚至公开处分，严重挫伤学生自尊心。

（3）社会上对早恋过分渲染，如描写学生早恋的影视节目的出台，加上不良书刊、低级和黄色影视录像，污染学生的心灵，对学生早恋有直接影响。

61. 为什么学生不宜早恋？

（1）思想上、道德上的条件不成熟。因为男女恋爱就意味着要做好夫妻、好父母、好婿媳，而大中专院校学生无法承担对家庭和社会的应尽责任。

（2）学生正值身体发育、追求知识的大好时光，如果沉浸在“爱”的海洋中，难免影响到身心的发育，干扰学习。

（3）经济上依赖父母或他人，还没有独立，不具备恋爱婚育所需的经济基础。

（4）由于心理发育不成熟，社会阅历浅，性知识缺乏，对两性的刺激和冲动难以应付，对两性交往上的理智与感情、兴奋与抑制的复杂关系，难以镇定自若，一旦越轨，会造成终身遗憾。

（5）事业上尚未定向。大量事实表明，早恋是在浪费精力和光阴，给自己的身心带来沉重的负担，且大都以失败告终，有的甚至造成终身难以弥补的悲剧。

62．早恋有何危害？

从心理角度看，早恋者长期的闭锁心理和不切实际的虚幻单思，过度的情感压抑和持续的内心紧张、刺激与冲突，往往容易导致个体自我的心理失调，诱发各种精神症状或病态人格，对自己身心危害极大。这主要表现在以下几个方面。

（1）负性的情绪压力。早恋往往使人经常处在激动、焦虑、不安的心理状态下，负性的情绪压力加重，不少人由于缺乏摆脱这种不良心理状态的能力，造成心情长期苦闷，影响身心健康。

（2）影响智力健康发展。大中专院校学生在智力发展时期，只有集中精力学习，才可促进智力发展。如果早恋，精力不能集中在学习上，则会影响智力健康发展，导致学习成绩下降，从而加重心理负担，影响创造性思维与创造性想象的发展。

（3）造成精神创伤。失恋的挫折，可造成精神创伤，给自己的一生蒙上阴影。

（4）造成心理压力。万一失身，其痛苦和悔恨将对自己的心理造成巨大压力，心灵上所受的创伤可能长期存在，甚至影响以后的恋爱与婚姻。

因此，学生一定要珍惜青春期的美好时光，把旺盛的精力投入到知识的海洋之中，做到“少小勤努力，老大不伤悲”。

63．防止早恋的对策有哪些？

万一自己陷入了早恋，应该从以下几方面去努力，争取早日脱离麻烦。

（1）加强自我教育，提高认识。培根说过：“知识就是力量。”确实，只有当自己对早恋的危害有了清晰的认识后，才能自觉地与早恋告别。

（2）性升华。性升华，是指当性欲在环境限制下难以发泄时，当事者使其转化为另外一种积极的、建设性的欲望，即使其在创造性的活动中得以发泄。性升华可使自己的性欲转化为进取的动力，成为学习热情和创造性的源泉。

（3）向长辈请求帮助。他们生活经验丰富，看问题比较全面和成熟，向他们倾诉自己的苦恼，他们肯定乐意开导帮助，出谋划策。

（4）参加活动，转移情感。积极鼓励自己参加科技、文艺、体育等活动，丰富自己的业余生活和精神生活，在集体活动中进行正常的情感交流，培养理智分析和冷静控制的能力。在多种多样的活动中，使自己旺盛的精力得到发挥，性的能量得以置换、转移和排遣。

（5）保持男女同学之间的纯真友谊。正确对待异性，懂得两性关系上应有的道德标准，在心灵深处用道德力量驾驭自己的感情，自尊、自重、自爱，保持正常的男女交往，在交往中取长补短，从而有助于提高自己的智力活动水平和学习效率。

64．什么是单相思？应如何调整？

单相思表现为自己内心默默地喜欢对方，而对方并不知道或没有同样的感受。单相思的产生有两种情况：一种情况是双方没有交往，只是自己暗中喜欢，而对方并不知道。这种情况产生的原因，主要是被对方的外表所吸引，产生了迷恋。另一种情况是双方有一定的交往，甲方认为乙方对他（她）有意，而乙方并不认为对甲方有什么特别的感情。产生这种情况，主要是由于甲方受自己内心喜欢（定势）的影响，因此错把对方的一切举动都当成喜欢自己的“证据”。不管哪一种情况，产生单相思的根本原因是对异性了解太少，对产生感情的条件了解不够。

调查表明，“单相思”现象在大中专院校学生中有一定程度的字在。“单相思”的人，往往沉溺于对某个异性的幻想之中，思想不求进步，活动也不积极参加，学习成绩下降，精神萎靡不振。应该说，大中专院校学生对异性所产生的这样一种特殊的感情是很纯真的，也是很自然的，但却幼稚、盲目、脆弱，是一种很不成熟的感情，对成长会产生消极影响。尤其是在单相思的泥潭中不可自拔时，其危害更大。

因此，产生“单相思”的学生，应当采取下列对策来调整自己。

（1）应该明白这种感情很幼稚，这只是异性间相互吸引的表现，并不是成熟的爱情。正如作家张洁所说，“人在年轻的时候，并不一定了解自己追求的、需要的是什么，甚至别人的起哄也会促成一桩婚姻，等到你再长大一些，更成熟一些的时候，你才会知道你真正需要的是什么。可那时，你已经干了许多悔恨得使你锥心的蠢事。”

（2）应广泛地结交异性朋友，通过与异性的广泛交往来真正地了解异性和自身。单相思者多数性格内向，缺乏与异性的交往，因而容易对异性产生神秘的幻想。一旦与异性接触多了，更全面地了解了异性，就会把对异性的神秘感、好奇心，转化到正常、健康的异性友情上来。

（3）潜心学习，积极参加各种社会活动。这样，也能使单相思的情感得到转移和升华。

思考与讨论

1. 为什么要注意生活安全？
2. 本章中的几个案例，对你有何教育和警示作用？
3. 本章所介绍的生活安全知识，你是否已经全面认识、理解和掌握？
4. 你以前是否真正注意到了生活安全问题？
5. 你在将来的生活中，应当怎样注意安全？
6. 除了本章介绍的生活安全知识外，你认为青年学生还应当注意哪些生活安全问题？
7. 通过对本章内容的学习，你对生活安全问题有何重要认识、体会和感想？
8. 请结合实际深入讨论青年学生注重生活安全问题的重要性、必要性和紧迫性。
9. 请以小组、寝室或班级为单位，组织形式多样、丰富多彩的生活安全知识竞赛活动、文艺活动或其他宣传活动。

07

第七章

旅 游 安 全

本章寄语　旅游愉快，安全为先

当前，随着社会的发展和进步，以及人们生活质量的改善和生活水平的提高，人们的旅游意识正在不断增强，外出旅游观光作为人们生活中愈来愈重要的组成部分已成为一种时尚。人们通过旅游，可以达到开阔眼界、扩大视野、增长见识、调整心态、陶冶情操、锻炼身体等目的。这也是旅游目前已成为人们的一种生活时尚的根本原因。

正因为如此，利用休息日、节假日进行各种形式的旅游活动，目前已成为全国各地各类职业院校广大青年学生的强烈愿望和共同追求。对于青年学生来讲，外出旅游还是进行爱国主义教育，激发爱国热情和民族自信心、自豪感，接触和了解社会的一条重要途径。

当然，旅游又分为本地游与外地游、国内游与国外游、一日游与多日游、个人游与团体游、经济游与豪华游、城市游与自然景观游等若干种类型。

旅游是美好的、愉快的，同时也是比较辛苦的、劳累的。旅游能否达到目的，旅游是否愉快，又都与安全有关。可以说，没有安全，旅游将会变得烦燥、痛苦或不幸，因而也就失去了其应有的目的和意义。因此，旅游安全，非常重要！特别是涉世未深、思想单纯、经验不足、好奇爱动且没有经济来源的广大青年学生，更应当高度重视旅游安全问题，否则将会事与愿违。

希望本章所介绍的各种知识，能对全国各地各类职业院校的每一位学生在旅游安全方面都有所帮助！

旅游安全案例

案例 7–1 行路不慎，被车撞伤

2001 年 5 月 3 日，山东省××技工学校学生戴××、季××赴一个大城市旅游。由于他们两人平时不太注意交通安全，又是初次来到大城市，所以在过马路时，不幸被一辆正在行驶中的公交车撞倒，致使戴××右臂骨折、季××头部受伤。

案例 7–2 旅游掉队，遭受审查

1998 年 5 月 2 日，山东省××学校 97 级的学生包车赴南京集体旅游。当晚 9 时许，男生徐××未向带队老师请假而独自一人外出游逛南京城。至深夜 1 时许，当徐××来到鼓楼时，巡逻民警正开车前来。徐××一看警车来临，出于害怕便撒腿就跑！巡逻民警认为徐××可能是不法分子，继而尾追，最后把徐××带到了派出所进行审查。徐××讲明了自己是前来南京旅游的山东省××学校的学生，可是身上没有带身份证、学生证等证件，不足以说明问题。直到次日早晨 7 时许，徐××把民警带到自己所住的招待所见到老师后方才解围。

案例 7–3 游览名山，遭遇蛇咬

2001 年 7 月 18 日，浙江省××职业学校的学生张××、李××利用暑假赴一名山旅览。他们爬上一个陡峭的山峰后，便躺在地上休息起来。没过多久，一条突然出现的毒蛇把张××的左腿咬伤。李××听到张××的尖叫后，立即把这条毒蛇砸死，紧接着就把一条毛巾撕成布条，扎在张××左腿的伤口上部，然后又把身上带的一个小刀放在火机火焰上进行了灼烧消毒。李××用消毒冷却后的小刀在张××左腿伤口处划了一个刀口，接着就用嘴猛吸毒液。下山后，李××把张××立即送往医院治疗。经过医院的精心治疗，张××很快得以康复。

旅游安全知识

1. 学生旅游时应当注意什么问题？

（1）若参加学校组织的集体旅游，则要听从带队老师的指挥和要求，不要掉队或我行我素；若自己外出旅游，最好不要单独出游，而要与比较熟悉的同学和朋友结伴同游。

（2）为了方便和节省费用，最好参加各地旅游团组织的团体旅游，但是不要掉队，要服从导游人员的安排和管理。

（3）要选好目的地，明确旅游目的，不要漫无目的地乱游。

（4）外出旅行乘车坐船时，应遵守公共秩序，以保证安全，减少事故的发生，避免在拥挤时丢失钱物，造成经济损失。

（5）不要暴饮暴食，要注意饮食卫生，预防肠道感染，防止发生腹泻。

（6）不要在风景区乱涂乱画。

（7）不要用语粗野、恶语伤人。

（8）不要随地吐痰或大、小便。

（9）不要任意攀折花木，要爱护一草一木。

（10）不要轻易交朋友，与陌生人交往时要谨防上当受骗。

2. 学生独自旅游时应当注意什么问题？

目前，我国中等职业学校、高等院校青年学生的“独立”意识都很强，不少学生开始“脱离”父母，利用节假日独自旅游。这对锻炼自己的意志、品质和能力大有好处。但是，一人远行，也会带来诸多不便。因此，需要注意以下几个问题。

（1）要本着“安全、节约、愉快”的原则，明确旅游目的，选好旅游时间、方式和地点，做好旅游前的各种准备。

（2）在旅游途中，要注意乘车（船、机）安全、行走安全、食宿安全、购物安全和娱乐安全等，同时还要注意保管好自己随身携带的钱包、贵重物品和行李物品等。

（3）到达一个旅游目的地后，为了方便、安全和节省费用，最好能参加当地旅游团组织的团体旅游，但是不要掉队，要服从导游人员的安排和管理。

（4）要带好自己的身份证、学生证等各种证件，谨防丢失。

（5）要准备并带好银行信用卡，不要随身带过多的现金，以防不测。

（6）不要显露自己身上带的钱物。

（7）不要轻易暴露自己的旅行路线和自己的家庭住址，那样有可能会被坏人尾随。

（8）不要轻易与陌生人交朋友。

（9）不要独自到险峻的地方去。

（10）不要与人争吵惹事，退一步海阔天空，时时处处要以安全为重。

（11）每到一处都应给家里打电话或写信，让家里或朋友知道自己在何处。

（12）要遵纪守法，遵守社会公德，时刻严格要求自己，不可我行我素、惹是生非。

3. 学生在郊游途中应怎样防止摔伤和跌落？

（1）爬山应编组，体力强的帮助体力弱的，全组整体活动，个人不要擅自离开队伍。

（2）穿防滑的鞋。地面潮湿、结冰、积雪或长有青苔、干草时，路面会很滑，所以落脚要稳，行走要慢，以防跌倒。

（3）爬山途中，不要开吓唬人的玩笑。

（4）行走时，遇到看不清路面的地方，应用木棍、树枝等探路。

（5）爬山遇到不好爬的地方，应手脚并用，手扶牢，脚踏实，攀援而上。

（6）上山时身体要前俯，下山时身体要后仰。不要跑着下山，以免因膝关节过度劳累或回收不住脚而跌落。

4. 什么是生态旅游?

目前,"生态旅游"这个词已被越来越多的人提到了,生态旅游也已吸引了愈来愈多的人。那么,什么是生态旅游呢?人们常说"回归自然"。生态旅游,实际上就是人们回归大自然。

所谓生态旅游,就是人们到没有被污染、没有被开发的自然环境当中去旅游。人迹罕至的海岛、荒野和森林等,都是生态旅游的目的地。另外,我国有些旅游景点虽然已进行了一些开发,但仍基本保持了原始状态,所以也是开展生态旅游的好去处。

目前,参加生态旅游的游客,主要有三种。

第一种是经济富裕、身体健康、年龄在44～64岁的中老年人。这些人对传统的旅游项目已经厌倦了,他们开始倾向于追求一种原始的、自然的旅游——生态旅游。这些人是生态旅游者的主流。

第二种是具有较强的环境意识、经济比较富裕的中年人。

第三种是发达国家的青年人和我国大中城市的青年学生。

目前,我国已开始重视并看好生态旅游,因为关心环境的人已经越来越多。美国的一项调查表明,在美国有4300万名游客表示,在今后的生活当中他们将参加一次生态旅游。

当然,我国开展生态旅游,现在尚处于起步阶段,但是却有着广阔的前景。我国有数万个森林公园,其中不少尚处于刚刚开发阶段,这些都是进行生态旅游的好地方;同时,我国众多的森林、草原、荒野、山川、河流和海岛等,也都可以向人们提供生态旅游的目的地。

5. 什么是探险旅游?

目前,探险旅游在国际上非常流行,在我国也受到一定的旅游者特别是青年人的喜爱。

所谓探险旅游,就是以探寻大自然的奥妙为宗旨而进行的旅游活动。它是人们亲近大自然、热爱大自然、回归大自然的最佳途径。一般来说,探险旅游具有以下特点。

(1)冒险性。因为旅游者所要去的地方往往环境险恶,再加上一些因素无法预料,因而在活动中常常会出现险情,甚至还会面临死亡的威胁。

(2)挑战性。正因为探险旅游具有冒险性,所以参加者就需要有强劲的体魄和坚强的意志。胆小、意志力薄弱的人,是不敢进行探险旅游的。

(3)参与性。参加者主要是为了寻求刺激、追求个性的充分表现和锻炼自己的意志,因而会全身心地投入。

(4)相对高的消费性。探险旅游一般时间较长,组织支援工作复杂,因此消费也比较昂贵。

探险旅游的项目,主要是登山(特别是攀登那些还没有人登过的高山)、穿越沙漠、深入原始森林、潜入深水,以及探测岩洞等。我国国土辽阔、地形复杂,探险旅游资源丰富多样。特别是我国西部地区,有世界上著名的高峰、大峡谷、巨大的天然溶洞和大沙漠。另外,许多地区还有原始森林等。这些旅游资源都为我国发展探险旅游事业,提供了极为有利的条件和广阔的发展前景。

6. 旅游时需要补充哪些营养?

畅游奇山秀水、名胜古迹,固然令人心旷神怡,但也会因四处奔波、体力消耗而造成身体极度疲劳。因此，在旅游活动期间，除了应保证充足的睡眠之外，千万别忘了及时补充营养食品。当然，这也需要根据个人的经济条件而定。

（1）补充水分。不要只喝矿泉水或宾馆、酒店的普通茶水，而应当多喝一些富含营养的杏仁露、椰子汁和浓缩橙汁等饮料。每天若能加喝一杯牛奶或咖啡，则效果更为理想。

（2）补充维生素。旅游团一般 8 人一桌就餐，六菜两汤也好，四菜一汤也罢，往往 8 人共享一两盘蔬菜，维生素的人均日摄取量是远远不够的。因此，在自由活动期间，可以适当购买一些富含维生素的葡萄、苹果等水果吃，做到“桌内不够桌外补”。

（3）补充蛋白质。如果参与旅游的团体不属于豪华团、贵宾团，餐桌上就不可能会出现丰盛的山珍海味。尽管普通团的餐位也有肉类、菜肴等，但是量少人多，每个人所吸收的蛋白质难以补充身体劳累的营养消耗。所以，很有必要在睡觉之前吃一些富含蛋白质的食品，或者到外面加吃一顿炒鸡蛋、红烧鱼、牛奶配面包等。

（4）补充精神营养。除了上述物质营养需要补充外，精神营养同样也不可忽视。当天的游程结束返回住地后，可以到下榻的酒店、宾馆的歌舞厅进行娱乐，或放声歌唱，或翩翩起舞，或拍手助兴，或静坐观赏。这样，劳逸结合、怡然自得、精神爽快，就能使自己的旅途生活变得更加轻松活泼、丰富多彩。

7．在野外旅游时，如何应付意外事故？

（1）被毒蛇咬伤。在野外旅游时，如被毒蛇咬伤，患者会出现出血、局部红肿和疼痛等症状，严重时在几个小时之内就会死亡。这时，要迅速用布条、手帕、领带等将伤口上部扎紧，防止蛇毒扩散。然后，用消过毒的刀（可用酒精消毒或用火烤）在伤口处划开一个长 4cm、深 0.5cm 左右的刀口，接着用嘴将毒液吸出。如果嘴内口腔黏膜没有损伤，其消化液可起到中和作用，所以不必担心会中毒。

（2）被昆虫叮咬或蜇伤。被昆虫叮咬或蜇伤时，可用冰或凉水冷敷后，在伤口处涂抹氨水。如果被蜜蜂蜇了，可用镊子或手指甲等将刺拔出后，再涂抹氨水或牛奶。

（3）骨折。骨折或脱臼时，用夹板固定后，再用冰冷敷。从大树或岩石上摔下来，伤到脊椎时，千万不要使脊椎受到牵拉和扭曲，要将患者放在平坦而又坚固的担架上固定，不要让身子晃动，再送往医院治疗。

（4）外伤出血。在野外备餐时，如被刀等利器割伤，可用干净水冲洗，然后用手巾等缠住。轻微出血，可采用压迫止血法，1 小时过后每隔 10 分钟左右要松开一下，以保障血液循环。

（5）食物中毒。吃了腐败、变质的食物，除了会腹痛、腹泻外，还会出现发烧、体弱等症状，所以要多喝一些饮料或盐水。当然，也可以采用催吐的方法，将食物尽快吐出来。

8．旅游购物有哪些学问？

出门在外，买点地方特产或纪念品之类，体验一下异地的消费情趣，也是旅游者的普遍心理。怎样在旅途中购物呢？这也可以说是一门学问。

（1）以地方特色做取舍。具有地方特色的商品，不仅具有纪念意义，而且正宗，价格也较为便宜，所以值得购买。购买后，留给自己作为纪念或馈赠给自己的亲朋好友，都称得上是件快事。

（2）以小型、轻便为首选。有些特色商品，体积笨重、庞大，随身携带很不方便，不宜购买。人在旅途游山玩水、乘坐车船并不轻松，行李包越少越好，有些物品很可能易碎，稍不小心就会在中途摔坏，所以不必为此而多花冤枉钱。

（3）切忌贪便宜。在某些风景区，经常可见有兜售假冒伪劣商品的，如珍珠、项链、茶叶之类等，这时要抵挡得住价格和叫卖的诱惑。有时，自以为捡了便宜，回来后经过一番鉴别，大呼上当者也不在少数。若回去退货，反反复复折腾一番也不值得，所以只好自认倒霉了。

（4）相信自己的判断。现在的旅游市场经过净化，大部分导游都能遵守职业道德，不会乱赚游客的钱。但是，也有少数导游却想尽办法，把团体拉到给自己回扣的商店，任意延长购物时间，乐此不疲地为游客介绍、选购物品。殊不知，这一系列的安排，都是一个大陷阱，游客被温柔地宰一刀，却还被蒙在鼓里。

在异地购物时，不要盲目轻信别人，切忌冲动，不要盲从，而要相信自己的判断，管住自己的钱袋，学会自我保护，做个成熟的消费者。

9. 旅游时怎样注意防止“上火”？

在旅游途中，很多人嘴头、口角以及脸上会出现起泡等症状，这就是人们常说的“上火”现象。如在旅游中注意以下几点，就可以避免。

（1）要做好充分的准备。出发前，对于旅行的路线、乘车的时间、携带的物品等，都要做好充分准备。这样，无论遇到任何事情，都能从容不迫、心平气和。

（2）生活要有规律。旅游的日程安排最好按平时正常的作息时间，按时起床、睡觉，定时、定量用餐，不为赶时间而放弃一顿饭，也不为一席佳肴而暴饮暴食。要多吃一些清“火”食物，如新鲜绿叶蔬菜、水果等，或者多喝一些绿茶等，这些都具有良好的作用。

（3）要注意劳逸结合。在安排各种活动时，需要适当而有节制，要保证充足的睡眠，避免过度疲劳而造成自己身体的抵抗能力下降。

（4）要“对症下药”。在旅途中，由于紧张、劳累等原因，身体的调节机能和免疫机能都会有所下降，同时对外界不良因素的抵抗力也减弱，所以一旦“上火”，要及时治疗、“对症下药”，切不可任其发展而贻误治疗。

10. 旅行中应当注意哪些饮食卫生？

在旅行中，保重身体的首要问题就是自己要时刻注意饮食卫生，防止“病从口入”。旅行中的饮食卫生，主要包括以下几方面。

（1）要注意饮水卫生。一般来说，生水是不能饮用的。旅途饮水，以饮用开水和消毒、净化过的自来水最为理想；其次，是山泉和山井水。江、河、塘、湖中的水，千万不能生饮。若没有合格的水可供饮用，则要用瓜果、饮料来代替。

（2）瓜果一定要洗净或去皮吃。瓜果除了受农药污染外，在采摘与销售过程中也会受到各种病菌或寄生虫的污染。

（3）要慎重对待每一餐，饥不择食要不得。高、中档的饮食店一般可放心去吃，大排档等地方也可以有选择性地去吃，但是沿街摆卖的小摊点最好不要去吃。如果饥不择食，到任何地方都想吃，可能会因为饮食卫生问题而使自己的身体不适或生病。

（4）要学会鉴别饮食店的卫生是否合格。合格的一般标准应是有卫生许可证，有清洁的水源，有消毒设备，食品原料新鲜，无蚊蝇，有防尘设备，周围环境干净，收款人员不接触食品，而且钱、票与食品都要保持相当的距离。

（5）在车船或飞机上要节制饮食。在乘行时，如果没有运动条件，食物的消化过程会延长，而且速度减慢，如果不节制饮食，必然会增加肠胃的负担，引起肠胃不适。

11．外出旅游时需要牢记哪“八要”？

（1）要有周密的旅游计划。旅行前，需要制定一个旅游时间、路线和暂住的异地计划；带好导游图书、有关地图和车、船时间表，以及必需的行装、衣物和卫生用品等。

（2）要带一个小药包。外出旅游时，要带上一些常用药，因为旅行中难免会碰上一些意外的情况或问题。随身带上一个小药包，能做到有备无患。

（3）要注意旅途安全。旅游途中，有时会经过一些危险区域，如陡坡、密林、悬崖、峭壁、急流、深洞等。在这些危险区域，要尽量结伴而行，千万不要独自冒险前往。

（4）要讲文明礼貌。在任何时候、任何场合，都要对人有礼貌，要事事谦虚、忍让，自觉遵守公共秩序，自觉遵守社会公德。

（5）要爱护文物古迹。旅游者每到一地旅游，都要自觉爱护各种文物古迹和景区的花草树木，不准在景区内、墙壁上乱刻、乱涂。

（6）要尊重当地的习俗。我国是一个多民族的国家，许多少数民族都有不同的宗教信仰和习俗忌讳。俗话说：“入乡随俗”。因此，在进入少数民族居住区旅游时，必须尊重他们的传统习俗和生活中的禁忌，切不可忽视礼俗或由于行动上的不慎而伤害他们的民族自尊心。

（7）要注意卫生与健康。旅游在外，品尝当地名菜、名点，无疑是一种饮食文化的享受，但是一定要注意饮食、饮水卫生，切忌暴饮暴食。

（8）要警惕上当受骗。目前，社会上存在着一小部分偷、诈、抢等方面的坏人或不法分子。萍水相逢，切忌轻易深交，切勿泄露机密，谨防上当受骗。

12．徒步旅行时应当做好哪些防病准备？

徒步旅行，对青年人和中年人来说，无疑可以增强体质。但是，如果不做好徒步旅行的防病准备，则有可能会适得其反。

徒步旅行的防病准备，主要包括以下几点。

（1）防疲劳。预防的关键在于：一是要步姿正确；二是不要心急；三是要会走路。在走路时，要走小路，而不走平坦的公路。即使走公路，也不要走平坦的中心，而是走高低不平的路边。

（2）防脚打泡。万一选鞋不对或步姿不正，行走的途中感到脚的某个部位疼痛或有摩擦感，可以在该处贴上医用胶布，或在鞋的相应部位贴上一块单面胶布。这样，在一般情况下，就可以防止脚打泡。

（3）防寒防暑。北方徒步旅行，要带一些质地优良、防寒性能较好的衣物。如果行走在广阔的北方草原，风速较大，衣着应及时调整。南方徒步旅行，夏季需要防暑、防雨。

（4）解渴要适可而止。出发前，最好准备一壶清茶水，适当加些盐。清茶能生津止渴，也可防止流汗过多而引起体内盐分不足。

（5）热水洗脚。用热水洗脚，能够较为有效地消除疲劳。

（6）携带医药用品。要随身携带一些感冒药、防暑药和外伤药等常用药，并备一个酒精盒和其他医疗用品。

13. 怎样消除旅行中的身心疲劳？

（1）快步走路。快步走路是消除身心疲劳的有效方法。不要慢步走路，因为慢步走路是毫无效果的。快步走路要持续15～20分钟。这样才能平衡全身肌肉，帮助大脑运动，达到消除疲劳的目的。

（2）旅途操。旅途操对于消除疲劳颇有效果。其做法如下。

① 颈部伸展法。双手抱头，两肘内夹角，再用力下压，使颈部前曲，然后颈部用力尽量后仰，做8次，每次静止1～2秒钟。

② 肩部伸展法。十指交叉上举，掌心朝上，然后由慢到快用力后振10次。

③ 胸背伸展法。两臂曲肘前平举，低头，然后两臂向侧后平直伸展，抬头挺胸，做10次。

④ 体侧伸展法。一手插腰，另一手臂伸直上举，上举稍侧曲，手臂用力向侧上方伸展5次，然后换另一侧做，每次静止1～2秒钟。

⑤ 腰腹伸展法。两手抱头，体前曲，然后上体后仰，左关节外展，尽量把身体伸直，保持3～4秒钟，慢速做5次。

⑥ 腿部伸展法。将腿曲膝至于胸前，然后两腿同时伸直，脚尖前伸，做10次，每次静止1～2秒钟。

14. 旅行时怎样保护好自己的脚？

出门旅游常常会碰到一些麻烦，其中最令人伤脑筋的就是脚痛。脚上出现一个小小的水泡，会使旅游者寸步难行，扫兴不已。为此，特介绍几种保护自己脚的方法。

（1）旅行前，首先要算好路途有多长，要知道走的是什么路，如是走人行道、鹅卵石径，还是走偏辟山路。掌握了这些资料，有助于选择合适的鞋子。

（2）一般来说，要选择能够支撑、保护，并且能很好地抵消掉震荡力的鞋子。鞋子一定要有衬垫，鞋垫不要太柔软、易损，它必须只在拇趾的部位弯曲，而不会在脚跟处折叠。此外，最好准备两双合脚的运动鞋，在一天之内互相替换。因为不同的鞋子穿在脚上，压力总是不同的。这样，能减少脚上生水泡、肿胀或感到不适的机会。

（3）时髦的高跟鞋尽管好看，但是绝对不适合旅行。对于爱穿高跟鞋的女性，扭伤、脚痛则是常有的事。

（4）要保持脚部卫生。外出旅行，少不了要穿一双吸水力强、确保双脚干爽的袜子。这是因为多汗的双脚是细菌滋生的温床，也容易感染。100%的棉袜子吸水性能并不是最好的，半棉质的袜子较能吸水。

（5）脚肿是长途旅行的常见毛病。如果目的地是潮湿地区，患脚肿的可能性就更大，所以医生建议可把鞋带放松。如果此法不行，还可以采用冷热疗法，即先把脚放在冷水中浸泡1分钟，然后再放在热水中浸泡3分钟。此后，再反复4次，最后以冷水结束。

（6）要慎重处理水泡。要先用酒精把针消毒，然后再轻轻扎破水泡的边缘，不要垂直扎，以免刺破下面的皮肉。接着，把液体挤出来，敷上消毒液，最后用绷带包住即可。

15. 出境旅游应注意哪些问题？

跟随旅行团第一次出境旅游时，应当注意下列几个问题。

（1）首先要办理护照，办护照一般需要 7 个工作日；到我国港澳特别行政区旅游不需要办护照而要办通行证，需要 10 个工作日。因此，出境旅游需要未雨绸缪，早做打算。

（2）旅游前向旅行社咨询、了解旅游目的地的风俗习惯，尤其是了解当地的禁语、忌语和当地认为是不文明行为的举止，以免旅途中发生不愉快。

（3）注意旅游目的地气候的差异性。例如，济南已经进入冬季，而东南亚各国和我国港澳地区尚是火辣辣的夏天，即使是济南冬天最寒冷的时间，以上国家和地区依然是和煦暖风劲吹的春末夏初景象。因此，旅游出发前带好换季的衣服是很重要的。

（4）多与组织旅游的旅行团领队交流，了解行程安排，做到心中有数。

（5）旅游购物是旅游的重要组成部分，但是一定要慎重，以防上当受骗。

思考与讨论

1. 为什么要注意旅游安全？
2. 本章中的几个案例，对你有何教育和警示作用？
3. 本章所介绍的旅游安全知识，你是否已经全面认识、理解和掌握？
4. 你以前的旅游是否真正注意到了安全问题？
5. 你将来应当怎样注意旅游安全问题？
6. 除了本章介绍的旅游安全知识外，你认为青年学生还应当注意哪些旅游安全问题？
7. 通过对本章内容的学习，你对旅游安全问题有何重要认识、体会和感想？
8. 请结合实际深入讨论青年学生注重旅游安全问题的重要性、必要性和紧迫性。

08

第八章

饮食卫生与常见病防治

本章寄语　注意饮食卫生，防治各种疾病

饮食作为人们日常生活中一个最基本的问题，既需要注意营养，又需要注意卫生。

常言道："病从口入"。在饮食问题上，若不注意卫生，就很容易引起各种疾病，影响人们的身体健康和正常的工作、学习和生活。因此，饮食卫生，不容忽视！

职业院校中的青年学生，一般都是远离家中父母和其他亲人而专门在学校这个大家庭里进行学习与生活的。据统计，2001 年上半年，卫生部共收到全国各地重大食物中毒报告 7 起，1128 人中毒，4 人死亡，其中发生在学校集体食堂的有 5 起，502 人中毒，无死亡，44.5%的中毒人群为学生。因此，为了学生的饮食卫生和身体健康，学校必须严格进行食堂管理，确保学校食堂或餐厅的环境卫生质量和饭菜质量。

不仅如此，青年学生自己也必须学会生活自理与自护，自觉养成良好的饮食卫生习惯和生活习惯，注意饮食卫生，预防各种疾病。这也是确保学生饮食卫生和身体健康的重要前提与基础！

当然，由于种种原因，人有时会生病，但是生病并不可怕，可怕的是生病后不及时治疗。所以，青年学生一旦生病，只要能及时治疗、对症下药，注意营养、休息和调节，很快就会康复的。这就需要广大青年学生在日常生活中，自觉做到"无病预防，有病治疗；防治结合，确保健康"。

一般来说，学生在校学习期间生病时，常常会想念家中的父母和其他亲人，这也是人之常情。同样，"儿行千里母担忧"。倘若父母等人知道自己的孩子在学校生病，更是心急如焚、焦虑不安。所以，学生们在学校身患各种小病时，千万不要打电话告诉家人，以免给他们带来一些不必要的担心和麻烦，而应当学会生活自理与自护，努力克制自己的情绪，正确调整自己的心态，抓紧时间就医治疗和休息，并坚强地同"病魔"作斗争。当然，在必要时还可以求得同学和老师的帮助。事实上，当你身体不适或生病时，你周围的同学和老师一定会伸出热情的双手来帮助你，他们会想方设法为你排忧解难，这也是广大师生应尽的义务。

希望本章所介绍的各种知识，能对全国各地各类职业院校中的每一位学生在饮食卫生及常见病防治方面都有所帮助！

饮食卫生与常见病防治案例

案例 8-1 食堂饭菜变质，引起食物中毒

1998 年 3 月 8 日上午，贵州省××学校部分学生出现抽筋、呕吐、意识障碍等中毒症状。至当日 20 时，当地医院已收治 82 名中毒学生，经及时救治，大部分中毒学生病情得到了控制，但仍有 10 余名学生病情较重。这些学生中毒原因是食用学校食堂出售的变质饭菜。

案例 8-2 不注意饮食卫生，染上乙肝疾病

2000 年 9 月 16 日入校的安徽省××学校的学生赵××在入校时身体很好，根本没有肝炎病，家人和同宿舍的同学也无肝炎病患者。赵××家庭条件较好，身上零花钱不断，经常到校外吃饭，可以说他已达到了想吃什么就吃什么、想去哪里吃饭就到哪里吃饭的程度，从来都不委屈自己。赵××认为“人生在世，吃喝二字”，“不干不净，吃了没病”。由于赵××平时很不注意饮食卫生，结果于 2001 年 5 月身患乙型肝炎而不得不休学回家治疗。这不仅给他自己带来了极大痛苦，而且给父母也增加了许多麻烦，着实令人痛心！

案例 8-3 小小感冒病，花掉四千元

2000 年 11 月的一天，刚入校两个多月、年仅 18 岁的上海××大学女生王××不慎患了小小的感冒，身体不太舒服，加之她又属于独生子女而比较娇气，所以晚上就给远在山东省家中的父母打了电话，哭着说自己得了重感冒，要求父母立即来上海。父母听后非常着急，一夜没睡觉。

第二天上午，王××的父母准备了 5000 元钱和其他衣物，下午即坐上了南去的列车，于深夜 11 点 55 分抵达上海。考虑到怕影响女儿和其他同学休息，王××的父母就在大学附近的一家宾馆住了下来。次日一早，王××的父母就来到了王××的宿舍，见到女儿后，母女俩首先就抱头哭了起来。

王××的父母共在上海过了 8 天，直到女儿感冒彻底好了后，才返回枣庄。王××的父母在上海期间的食宿费用、为女儿花的各种费用和来回路费，总计 4000 元。这真是“可怜天下父母心”!

案例 8-4 服用药汁预防疾病，引起师生中毒

1998 年 3 月 27 日上午，河南省××职业中专学校为了预防脑炎、流感等疾病，用中草药煎熬大锅药汁让全校 1736 名师生员工服用，结果有 1200 多人服用后出现不同程度的中毒症状，其中 540 人被送到市、区医院治疗。

饮食卫生与常见病防治知识

1. 学生的饮食卫生习惯主要包括哪些内容？

（1）日常卫生习惯。主要包括饭前便后要洗手，饭后要漱口，勤洗手、勤洗脸、勤刷牙、勤剪指甲，不喝生水，不乱吃零食，不吃没有洗净、消毒或带皮的水果，不吃剩菜、剩饭和腐烂、变质的食物，不食超过保质期的食品，不喝超过保质期的饮料等。

（2）吃饭要定时、定量。定时，是指吃饭时间要有规律。这对保持和增强胃肠活动功能有好处。定量，是指吃饭要有节制，每餐不宜过饱，切忌暴饮暴食。有规律的饮食，可以使胃肠有节律地工作。因此，学生要特别注意合理安排自己的一日三餐。

（3）吃饭要细嚼慢咽。在人的口腔内有三对大唾液腺，即腮腺、舌下腺和颌下腺。它们分泌的唾液由导管流入口。许多小唾腺分布在口腔黏膜里。成人每昼夜可分泌唾液 1～1.5 升，唾液中含有淀粉酶，能将食物中的淀粉分解为麦芽糖。在咀嚼食物时，分泌唾液的还要多些，同时由于反射活动而引起的体内胃液、肠液、胰液分泌，也为进一步消化、吸收做好准备。另外，唾液不仅有助于消化，而且还能使食物湿润，方便吞咽。

（4）不挑食、不偏食。在青年学生中，不少人有挑食、偏食的习惯。有的爱吃荤菜而不愿吃新鲜的绿叶蔬菜，有的不爱吃肉食而只愿吃素食，这样的饮食习惯都是不好的。人体所需要的各种营养物质，都是由食物供给的。单靠一种食物，不论吃的数量如何多，都不如粗粮、细粮混合搭配而提供的营养丰富。

（5）要保持愉快的情绪和良好的饮食环境。在进餐时，应当保持愉快情绪和幽静的环境，尤其要注意防止大声说笑和争吵。这样会影响人们咀嚼和吞咽动作的协调，同时易使食物进入喉腔或气管而引起剧烈咳嗽，甚至堵塞气管，发生意外。有的学生边看书边吃饭，也有的学生边看电视、边吃饭，这样都会影响体内消化液的分泌，不利于食物的消化和吸收，长此以往还会引起胃肠疾病。

2. 怎样保护牙齿？

（1）饭后漱口。要自觉养成饭后漱口的习惯，一般漱口用温开水即可，不要用生水、凉水。当有牙病或扁桃腺发炎时，可采用 2%碳酸氢钠溶液或 1%食盐水含漱。

（2）早晚刷牙。每天早晨起床后和晚上睡觉前，都要及时刷牙。牙刷要选择头小、刷毛硬度适中、两排 12 束毛的保健牙刷。刷牙时，不要横着推拉刷或来回刷，而要顺着牙缝竖着刷，刷完外面再刷里面。

（3）不剔牙。不要养成剔牙的不良习惯。因为经常剔牙，会损伤牙齿、牙缝和牙床。需要用牙签时，也应选择一端较为光滑的木质牙签。

3. 印刷过的纸张能不能用来包食品？

在实际生活中，不少学生往往都用印刷过的纸张（以报纸和书纸最常见）包食品。这样做，很不卫生，对身体也十分有害。这是因为在印刷过程中，油墨中的多氯联苯和铅字上的铅同时粘附在纸上。当人们用这些印刷过的纸张包食物时，食物上便粘附了这些毒素，这些毒素会随着食物进入肚子里，从而引起食物中毒。食物中毒轻者会出现恶心、呕吐、神经衰弱、肝功能下降、贫血、膀胱炎等症状，重者则会危害肾脏，发生脑病、癌病，甚至还有可能威胁到生命。

4．为什么不渴也要喝些水？

感到口渴时才去喝水，说明体内已缺水，久而久之还会使渴觉神经处于“疲劳”状态而影响其功能的发挥。因此，应当养成每天不渴也要喝一些开水的好习惯。

水的饮用量与人们的身体健康和健美有着密切的关系。水是人体和皮肤不可缺少的物质。如果皮肤缺水，就会变得干燥、发紧，全身就像穿了紧紧的衣服，十分不适。另外，水还对防治一些慢性疾病起着重要作用。

5．哪些开水不宜喝？

（1）蒸馒头的“下脚水”，不宜喝。

（2）在炉灶上沸腾很长时间的开水，不宜喝。

（3）装在热水瓶内几天的温开水，不宜喝。

（4）锅炉中隔夜熏煮或剩余的开水，不宜喝。

因为这些开水中都含有较多的亚硝酸盐。亚硝酸盐进入人体后，能使细胞中的低铁血红蛋白氧化成高铁血红蛋白而失去携氧能力，从而造成体内组织缺氧。

6．纯净水喝得喝不得？

纯净水，是以符合生活饮用水水质标准的水为原料（主要是自来水），通过各种加工方法制得，不含任何添加物，可以直接饮用的水。

纯净水在制作过程中，虽然去除了危害人体的病菌、有机物等，但也同时除掉了人体必需的矿物质。这些矿物质在水中的比例同人体的构成比例基本相同，易被人体吸收。人体缺少矿物质，就会造成营养失衡。尤其是中小学生，他们正处于生长和智力发育阶段，更需要补充较多的矿物质。中小学生饮用纯净水，会对其健康成长不利。所以，专家们认为，不宜对中小学生推荐饮用纯净水。

7．油炸食物有哪些危害？

（1）油炸食物可使维生素 B1 全部遭到破坏，维生素 B2 和尼克酸各损失 50%左右。

（2）油脂经过高温炸制食品后，所含的维生素 A、D、E 全部遭到破坏，并产生有害的聚合物，高温加热次数越多，聚合物越多。油脂的高温聚合物会损害肝脏，影响机体生长，并有致癌作用。

8．食用方便面时需要注意什么问题？

一些学生有吃食方便面的嗜好。殊不知，方便面对人体健康不利。方便面的主要成分是糖类（碳水化合物），并含有少量的味精和盐等调味品。即使是鸡、牛、虾汁方便面，其中的鸡肉、牛肉、虾肉的含量也是非常少，而且还具有防腐剂和色素等，对人体健康不利，且有致癌作用。所以，在食用时应当注意以下几点。

（1）只有在临时就餐不便时才食用，不可作为日常食品而顿顿食用或天天食用。

（2）一天内最多吃一餐。

（3）食用次数较多时，应当适当增加一些熟肉。

（4）配生吃的蔬菜，应保证在250～300g。

（5）患肠胃病和胃口不佳的人，最好不要吃方便面。

9．我国对各类食品的保存期是怎样规定的？

（1）各类小香槟为6个月；汽水、甜葡萄酒为3个月；瓶装熟啤酒为2个月，桶装或罐装鲜啤酒为7天。

（2）铁皮罐头为1年，玻璃瓶罐头为6个月；奶粉用马口铁密封包装的为1年，瓶装的为9个月，袋装的为6个月。

（3）蛋糕在第一季度为10天，第二、三季度为7天，第四季度为15天；礼品大蛋糕为3～4天。

（4）白皮点心在第一、四季度为40天，第二、三季度为20天。

（5）面包在第一、四季度为5～7天，第二、三季度为3～5天。

（6）饼干用铁桶装的，在第一、四季度为70天，第二、三季度为35天；盒装的在第一、四季度为60天，第二、三季度为30天；散装的在第一、四季度为40天，第二、三季度为20天。

10．喝饮料时需要注意什么问题？

饮料的主要功能就是消暑、解渴。青年学生在喝饮料时，应当注意以下几个问题。

（1）不能用饮料代替开水。人体每天都需要补充足够的水分，所以要以开水为主，饮料为辅。

（2）不要急饮、暴饮。这样会伤及胃肠，引起消化功能紊乱。

（3）不要在饭前、饭后或睡觉前喝含糖量较高的饮料。这样不仅会稀释消化液，而且还具有腐蚀牙齿等不利作用。

（4）肥胖儿童不宜多喝饮料，以免更多的糖分在体内转化为脂肪；进入青春期的女孩，也要在行经期忌食冷饮，以免造成月经失调。

（5）要选用清洁卫生、符合标准的饮料，最好选营养丰富，无人工色素和添加剂、防腐剂的“绿色食品”。决不能图方便或省钱而购买那些无照经销的自制饮料。

（6）超过保质期的饮料，不能喝。

11．喝牛奶时应当注意什么问题？

（1）不宜与茶水同饮。因为茶叶中的鞣酸会阻碍牛奶中钙的吸收。

（2）消毒牛奶不宜煮沸饮用。因为牛奶中的钙在煮沸时，会形成人体难以吸收的钙盐。

（3）未消毒的牛奶（盐水瓶装或散装奶）不宜饮用。因为原奶中含有多种病菌。

（4）不宜冰冻。因为牛奶冰冻后，脂肪与蛋白质分离，营养成分不易被人体吸收。

（5）晚上喝杯牛奶，会有助于养神、安眠。

12．禁忌搭配同吃的食物有哪些？

根据人们长期生活实践经验和现代科学家研究证明，以下九组食物搭配同吃会引起各种病状或中毒，所以禁忌搭配食用。

（1）猪肉忌菱角，同食会引起肚子痛。

（2）牛肉忌栗子，同食会引起呕吐。

（3）羊肉忌西瓜，同食会伤元气。

（4）狗肉忌绿豆，同食会中毒。

（5）兔肉忌芹菜，同食会引起脱发。

（6）鸡肉忌芹菜，同食会伤元气。

（7）甲鱼（又名脚鱼）忌苋菜，同食会中毒。

（8）鲤鱼忌甘草，同食会中毒。

（9）螃蟹忌柿子，同食会引起腹泻。

13．不宜放进冰箱的食物有哪些？

有些人习惯每个周末逛超市，总是一次买回一周的食物，然后统统塞进冰箱。可是后来发现，有些食物没过保质期，吃时就觉得味道不对了，难道冰箱不能保鲜吗？

事实上，并不是所有的食物都适合在冰箱中保鲜的。有些食物放在冰箱中会适得其反，味道会变不说，还加速了食物的腐化过程。

以下五种食物要牢记不宜放在冰箱中。

（1）香蕉：香蕉在12℃以下的地方储存，便极容易变黑腐烂。

（2）鲜荔枝：将鲜荔枝在0℃的环境中放置一天，便会使之表皮变黑，果肉变味。

（3）西红柿：西红柿低温冷冻后，肉质就会变得软烂，甚至出现散裂现象，再拿出来吃，味道也不鲜了。

（4）火腿：将火腿放入冰箱低温储存，其中的水分就会结冰，肉就会松散变味。

（5）巧克力：巧克力在冰箱中冷存后，一旦取出，在室温条件下便会在表面结出一层白霜，极易发霉变质，失去原味。

14．无公害食品、绿色食品和有机食品有什么区别？

无公害食品，是按照相应生产技术标准生产的，符合通用卫生标准并经有关部门认定的安全食品。严格地讲，无公害是食品的一种基本要求，普通食品都应达到这一要求。

绿色食品，是我国农业部门推广的认证食品，分为A级和AA级两种。其中，A级绿色食品生产中允许限量使用化学合成生产资料；AA级绿色食品则较为严格，要求在生产过程中不使用化学合成的肥料、农药、兽药、饲料添加剂、食品添加剂和其他有害于环境与健康的物质。从本质上来讲，绿色食品是从普通食品向有机食品发展的一种过渡性产品。

有机食品，是指以有机方式生产加工的，符合有关标准并通过专门机构认证的农副产品及加工品。它包括粮食、蔬菜、奶制品、禽畜产品、蜂蜜、水产品、调料等。

有机食品与无公害食品、绿色食品等其他食品的区别，主要有三个方面。

（1）有机食品在生产加工过程中绝对禁止使用农药、化肥、激素等人工合成物质，并且不允许使用基因工程技术；其他食品则允许有限使用这些物质，并且不禁止使用基因工程技术。例如，绿色食品对基因工程技术和辐射技术的使用就未作规定。

（2）有机食品在土地生产转型方面有严格规定。考虑到某些物质在环境中会残留相当一段时间，土地从生产其他食品到生产有机食品需要两到三年的转换期，而生产绿色食品和无公害食品则没有转换期的要求。

（3）有机食品在数量上严格进行控制，要求定地块、定产量，生产其他食品没有如此严格的要求。

总之，生产有机食品比生产其他食品难度要大，需要建立全新的生产体系和监控体系，采用相应的病虫害防治、地产保持、种子培育、产品加工和储存等替代技术。

15. 为什么筷子会传染胃病？

筷子如不注意消毒，也会成为胃病“杀手”。

复旦大学医学院卫生微生物教研室郁庆福教授指出，一半的正常人体内都携带幽门螺旋杆菌，此种现象的发生主要是通过筷子、接吻或家长与孩子口对口喂饭造成的，筷子是其中最重要的因素。

用筷子进餐，容易散播幽门螺旋杆菌，这种病菌会促成胃癌的发生。平常人家一双筷子使用一两年是正常的事，这样筷子上就会残留许多细菌，特别是多数家庭洗筷子是整把一起搓洗，忽视对筷子进行必要的消毒处理。

此外，还有的家长自己患了胃病，却经常用自己使用的筷子给孩子夹菜喂饭，最后把自己的胃病传给了孩子。临床上大多胃病患者，都是通过家庭传播而得上的。

因此，采用“分筷制”、定期对筷子进行消毒处理，都是预防胃病的根本措施。

16. 食品消费的“六大误区”是什么？

（1）吃带虫眼的蔬菜、水果保险？

目前，有人买菜专挑有虫眼的拣。他们认为，虫子能吃的菜绝对没有打农药。其实，这是一个消费误区。随着农药的大量使用，果菜病虫的抗药性也在不断增加，所以那些带虫眼的蔬菜、水果也就不保险了。

绿色消费提示：水果一定要削皮，蔬菜尽量炒（煮）熟了再吃。生食之前，最好先用盐水泡一下。

（2）吃鱼最保险？

俗话说：“吃四条腿的不如吃两条腿的，吃两条腿的不如吃没腿的。”这“没腿的”指的就是鱼。但是，现在吃鱼也不是件轻松事了，水污染越来越严重，一些净化功能较强的水藻吸收了大量有害物质，鱼吃了水藻，人又吃了鱼，毫无疑问，最终这些有毒物质通通被“吃”进了人的肚子里。此外，水产品还可能受到农药、重金属、放射线等污染。

绿色消费提示：尽量买活鱼。如果鱼散发煤油味或者农药味，就说明养鱼的水受了污染，这样的鱼不能吃。

（3）手感油腻的大米好？

2000年年底，大量产自河南的“有害大米”流入市场。这批毒米色泽透明，看起来很漂亮，实际上都是掺进了工业原料白蜡的陈米，人食用后会腹泻、头晕。

绿色消费提示：首先看大米的成色，再闻是否有米香味。不要选手感油腻的大米。

（4）牛奶越香浓越好？

有人认为，牛奶越香越好。为了投其所好，一些生产厂家就在牛奶中加入香精。其实，纯牛奶只有在加热时才有明显的香味，而牛奶的稀稠并不能直接反映牛奶的质量。刚挤出的牛奶较稠，经过加工后的牛奶就比较稀，但是更容易吸收。

绿色消费提示：牛奶不宜高温久煮，也不宜冷冻保存。喝牛奶不会引起发胖。

（5）保健品吃得越多越好？

保健品不能等同也不能代替药，它只是具有调节生理功能的作用。人们在预防疾病或病人在治疗、康复过程中，可以服食保健品，以改善药物治疗带来的副作用，提高身体免疫力。但是，并不是所有人都适合吃保健品，且食用也要适量，并不是越多越好。

绿色消费提示：在买保健品时，要辨明外包装或标签上是否印有批准文号和蓝色保健食品标志。

（6）“纯天然”的才安全？

很多人一看见防腐剂就害怕，以为“纯天然”的才安全。事实上，天然的东西未必是安全的，合成的东西也未必是有害的。例如，天然的植物、动物，天然的酶制剂也会产生污染。此外，在提取天然色素时，植物的病虫害、喷洒的残留农药，也往往被携带至添加剂中。因此，天然添加剂未必无害。

绿色消费提示：在我国，每增加一种新的添加剂，都要经过多次试验严格把关，安全性没有问题，大家可以放心食用。

17. 关于酒的误区有哪些？

酒，少饮有益，多喝有害，这是人们对酒已形成的共识。但细究起来，到底酒有多少益处，究竟怎样喝有益无害，恐怕就说不上来了。关于酒的误区，有以下几个。

（1）啤酒肚、脂肪肝都是喝酒惹的祸。

很多人认为，自己的啤酒肚是喝啤酒喝出来的，脂肪肝的罪魁祸首也是酒，其实不然。有关营养专家指出，人体本身是很“节约”的，营养过剩，就会变成脂肪储存起来，不仅外表看起来胖，而且肝脏也会越来越“肥”。啤酒的确会产生热量，但造成啤酒肚的元凶是喝酒时吃的大鱼大肉。

（2）“滴酒不沾”才好。

据国外一份医疗学报报道，适度摄取含酒精饮料的人，罹患“Ⅱ型糖尿病”的概率，要比滴酒不沾或极少饮酒的人低。

（3）烟酒不分家。

酒精是烟焦油的良好溶剂，溶解后的烟焦油穿过人体黏膜，扩张到人体内部，危害身体健康。

（4）茶水解酒醉。

酒后饮适量浓茶对解酒有一定作用。但是，若酒后大量饮茶，会将酒性驱于肾脏，形成寒滞，导致腰脚坠重、膀胱疼痛、小便频浊等症。

（5）饮酒助睡眠。

专家警告，饮酒不但不能助睡眠，长时间还会导致成人突发性死亡综合症。

（6）借酒御寒。

人在饮酒后，会产生“热烘烘”的感觉。但这种感觉只是暂时的，全身血管扩张会使身体的散热速度加快，时间一长，人体感到更冷。

18. 冬天的酒应怎么喝？

目前，人们的家庭保暖条件已大大改善，除了白酒外，人们夏季喝的啤酒在冬天也是饮用佳品。同时，一些厂家推出的暖啤酒由于加入了姜汁，所以喝起来有暖胃的感觉。另外，因为啤酒本身最佳的饮用温度一般不超过10℃，所以不要给啤酒过分加温。

冬天可以适量喝点黄酒。很多人冬天有喝黄酒的习惯，黄酒含有糖分、有机酸、醋类、高级醇和丰富的维生素，黄酒加点姜片煮后饮用既可活血祛寒，又可开胃健脾。

19．葡萄酒的保健作用有哪些？

葡萄酒的保健作用首屈一指，但据有关专家介绍，生产葡萄酒的企业远没有生产啤酒的多，再加上一些假葡萄酒在市场上作怪，使得人们喝葡萄酒相对少一些。所以，有关专家建议，在喝葡萄酒时最好喝名牌酒，不要贪图便宜。另外，还建议喝干红类的酒，因为这种酒不易造假。葡萄酒到底有哪些保健作用呢？

研究表明，常饮红葡萄酒对人体有着非同小可的意义。

（1）能延缓衰老。红葡萄酒中含有较多的抗氧化剂，能消除或对抗氧自由基，所以具有抗老防病的作用。

（2）能预防心脑血管病。红葡萄酒能有效地降低血胆固醇，防治动脉粥样硬化。

（3）能预防癌症。葡萄皮中含有极高成分的醇，抗癌性能在数百种人类常食的植物中最好。

（4）能美容养颜。

20．啤酒的保健作用有哪些？

（1）啤酒花中的有效成分能够抗结核菌和葡萄球菌，并且具有抑制真菌的作用。

（2）在啤酒中至少有6种成分具有抑制基因发生突变的作用，也就是说啤酒或多或少都具有抗癌作用。

（3）啤酒还能防止龋齿。因为啤酒含有单宁酸，这种单宁酸可阻止龋洞出现。

（4）啤酒对于某些疾病的治疗有好处：①预防心血管疾病；②可以有效预防尿路结石的形成；③由于含有纤维，能够避免便秘，并帮助肠子蠕动；④发掘肌肉运动的潜力，帮助消化，延缓细胞的衰老。

21．黄酒的保健作用有哪些？

饮黄酒可改善冠心病症状。据有关专家在临床治疗中发现，冠心病患者每天饮用少量黄酒后，胸痛程度明显减轻，发病次数也明显减少。常饮黄酒还可增强心肌的收缩力。

22．喝酒时的注意事项有哪些？

（1）药酒因人而宜。药酒并非人人适合，比如北方人不适合用人参泡酒。另外，泡药酒要有量的限制，一次泡酒不要超过五种，一斤酒中放的药不要超过二两；泡药酒要将药材洗净，否则会有对人体有害的重金属进入酒中。泡药酒最好请中医开个方，不要乱用。

（2）不宜在大汗之后饮啤酒。大汗淋漓时汗毛孔扩张，饮啤酒将导致汗毛孔因骤然遇冷而收缩，骤然终止出汗，从而使身体散热受阻，诱发感冒等疾病。

（3）不宜饮用冷冻啤酒。啤酒经冷冻后，其蛋白质与鞣酸会产生沉淀，饮用后易引起肠胃不适，导致食欲不振。

（4）不宜与酒同食的几种食品如下。

① 核桃不宜与白酒同吃。若两者同吃，易致血热，使血乱行，导致咯血。

② 海味不宜与啤酒同吃。饮啤酒用海鲜下酒，易引发痛风症。

③ 汽水不宜与酒同饮。汽水与酒同饮，除了会导致急性胃肠炎、胃溃疡等病的发生，还会加强酒精对中枢神经的危害，致使血压升高，有可能发生心脑血管危症。

（5）严格控制酒量。要使饮酒不影响健康，每次饮酒的间隔期应在 3 天以上。

建议饮酒量：建议男性安全喝酒限度是每天不超过两瓶啤酒或一两白酒，每星期至少有两天滴酒不沾。建议女性安全饮酒限度是每天不超过一瓶啤酒；每星期至少有两天不喝酒，即每星期的饮酒量不超过 5 瓶啤酒。

（6）解酒妙方：喝加有蜂蜜的柠檬汁或橘子汁；饮温牛奶；服用绿豆甘草汤。

23．吃饭后应注意哪些问题？

（1）不宜放松裤带。饱餐后将裤带放松，就会使腹腔内压下降，消化器官的活动和韧带的负荷便会增加，易发生肠扭转、肠梗阻及引起胃下垂或出现上腹不适等症状。

（2）不宜马上喝茶。因为茶叶中含有较多的单宁酸，它进入胃肠后，能使食物中的蛋白质变成不易消化的凝固物质，妨碍人体对蛋白质、铁质和其他营养成分的吸收。

（3）不宜立即睡觉。饭后立即睡觉，则食过的饭就会滞留在肠胃中，不能很好地消化，久而久之就会诱发胃病、肠炎等疾病。

（4）饭后不要马上散步。因为吃饭时，身体在中枢神经系统的控制下，循环系统加紧工作，血液流通快，心脏的负荷量加重。如果饭后立即进行大量活动，往往会导致心肌梗塞。

24．晚餐保健有何学问？

（1）晚餐不要过量。晚餐过量，饭后不久就入睡，会使人做梦，影响大脑休息。

（2）不能暴食。晚餐进食过多，使胃胀大，易发生打嗝、消化不良、胃痛等现象。

（3）不要太丰盛。如晚餐吃太多鱼、肉、蛋等食品，久而久之会使人发胖，容易导致心血管疾病。

（4）不要饮酒。晚餐饮酒后能加速血液循环，令人兴奋，影响睡眠，同时还会使血糖下降，引起“神经性低血糖症”。

25．容易引起食物中毒的食品有哪些？

食物中毒的诱因有三大类：一是食用被细菌或真菌污染过的食品；二是食用含有或产出毒素的食品；三是食用在制作或贮存中产生化学毒性物质的食品。

下列食品容易引起食物中毒。

（1）易被细菌污染的食品。主要有鸡、鸭、鱼、蛋、肉，以及剩饭、凉拌菜、海鲜品等。

（2）易被真菌污染的食品。主要有豆腐、地瓜、甘蔗等。

（3）含有毒素的动植物食品。主要有扁豆、土豆、白果、河豚、动物体内的腺体，以及苦杏仁、蓖麻籽、枇杷仁、桃仁、苹果仁等水果核仁。

（4）在制作中会产生化学毒素的食品。主要是腌、熏、烧烤、油炸类食品。

（5）易被农药、化学物质污染的食品。主要是水果、蔬菜等。

此外，不新鲜的菜叶会产生亚硝酸盐，有哈喇味的油脂能产生腐败酸，这些食品也都会引起食物中毒。

26. 如何防止食物中毒？

（1）不吃腐烂、变质的食物，不吃病死的鸡、鸭、鱼及牲畜的肉。

（2）食品应当低温贮存，以免过早腐烂；在食用之前，要防止食品被污染。

（3）需要加热的食品，一定要加热彻底。只有在高温下加热后，才能彻底消灭食物中的细菌。

（4）讲究食品卫生，生食和熟食要分开放，切食品的刀具和菜板也要分熟食用和生食用两种，防止生的食品污染熟的食品。

（5）生吃的瓜果表皮多少都会残留一些农药或肥料，所以吃前一定要用清水冲洗干净或剥皮后再食用。

27. 食物中毒怎么办？

一般来说，发生食物中毒后，大多数人都会出现脑胀头晕、恶心呕吐、腹痛、腹泻、流涎流泪、呼吸困难、瞳孔缩小、抽搐昏迷等症状。

若发生食物中毒，在无人帮助的情况下，就必须进行自救。自救的方法如下。

（1）自我催吐。找一把干净的匙勺，将勺把慢慢伸进口腔，深至咽喉部，就会出现恶心、呕吐，将毒物吐出来。

（2）吃泻药。将肠胃里的有毒物质和毒素尽快地排泻出去，以免吸收到血液中。

（3）洗胃。配制 1∶2000 高锰酸钾水，喝下去再催吐出来，把胃内残留的毒物洗出来。另外，也可使用浓茶水反复喝、吐多次，效果相同。

（4）火速去医院救治或拨打“120”电话急救。

28. 怎样给救护中心打电话？

（1）记清电话“120”。拨通后，再问清证实对方是不是救护中心。

（2）说清需要急救的住址或病发地，以及患者的年龄、性别、所受的是什么伤或得的是什么病。

（3）提供救护车最佳、最短的行车路线。

29. 什么是药物的失效期和有效期？

失效期，是指药物可以使用到标明的月份前一个月的最后一天。例如，注明失效期为“2018 年 12 月”，表示可以使用到 2018 年 11 月 30 日。

有效期，是指药物可使用到所标明的月份的最后一天。例如，注明有效期为“2018 年 12 月”，表示可以使用到 2018 年 12 月 31 日。

30. 什么是流行性感冒？应怎样预防？

流行性感冒，简称“流感”，是由流行性感冒病毒引起的，具有高度传染性的急性呼吸道传染病。

流行性感冒的传染源是流感病人。病毒存在于病人的鼻涕、唾液、痰液等分泌物中，通过呼吸道飞沫传播，即病人的口、鼻分泌物以飞沫的形式散播在空气中，健康人吸入带有病毒的空气即可受传染。此外，使用病人污染的食具，也可能受到传染。

流行性感冒的预防办法如下。

（1）早期发现，要隔离和治疗病人。

（2）定期开窗通风换气，保持室内空气新鲜。

（3）多参加户外活动，锻炼身体，增强抵抗能力。

（4）冬季养成入室脱衣、外出添衣的习惯。

（5）必须接触流感病人时，要戴口罩，接触后要洗手。

（6）流行期间，要避免大型集会。

31．什么是伤寒？它有何表现？应怎样预防？

伤寒，是由伤寒杆菌引起的急性肠道传染病。伤寒的传播，主要是病人或带菌者排出含有伤寒杆菌的粪便污染水源引起的。人吃了这种未经消毒的水、食物就会患上伤寒。如果污染水源或大批食物，易引起爆发流行。

患伤寒的表现：感染伤寒杆菌 7 天后就可发病，出现持续高烧，但脉搏并不加快；病人感觉疲倦，没有力气，还会出现不想吃饭、腹胀、胀泻或便秘；皮肤会出现玫瑰疹，并有肝脾肿大、白细胞减少等特点。

伤寒的预防办法如下。

（1）早期发现病人，立即隔离治疗。

（2）病人的排泄物消毒后才能排入粪池。

（3）保护好水源，并严格做好饮水消毒工作。

（4）注意饮食卫生，养成良好的个人卫生习惯。饭前便后和打扫完卫生时，要用肥皂和清水洗手，避免自身感染，防止“病从口入”。

32．什么是病毒性肝炎？应怎样预防？

病毒性肝炎，简称“肝炎”，是由肝炎病毒引起的急性传染病。其主要病变在肝脏。

根据肝炎病毒的类型不同，可将肝炎分为甲型、乙型、丙型、丁型、戊型。甲型肝炎全年散发，冬、春季常有流行；乙型、丙型、丁型肝炎发病无明显的季节性；戊型肝炎多发于春、秋季节或暴雨洪水后。

肝炎的传播源是肝炎病人和病毒携带者，主要通过消化道传播，如日常生活接触了被病人或病毒携带者污染了的东西、食具、用具等，而在进食前又未洗手，就可能把病毒吃进肚里而受到感染。

肝炎的预防要采取综合措施：

（1）早期发现时，要隔离病人。对病人的排泄物及其用过的衣物、餐具、书籍等进行消毒。

（2）加强个人卫生，做到进食前、便后和接触病人后用肥皂或流动水洗手，不互用餐具和洗漱用具。

（3）甲型肝炎密切接触者在接触后两周内注射胎盘球蛋白或丙种球蛋白。

（4）注射乙型肝炎疫苗。

33．患了痢疾怎么办？

当出现严重呕吐、腹泻、出虚汗、腹部痉挛以及粪便出现脓血等症状时，这可能是患了痢疾。

患了痢疾并不可怕，可用下列方法进行救治。

（1）多喝一些白开水，并在水中放入适量的食盐，不要吃东西。这样做的目的是避免脱水。

（2）立即服用痢特灵等止泻药。

（3）停止腹泻和呕吐后，可吃少量清淡的食物。

（4）不要食用酸性食物。

（5）不要食用发酵的食物和饮料，以防刺激胃壁。

34. 阑尾炎有什么症状？应当怎样治疗？

阑尾炎分急性阑尾炎和慢性阑尾炎两种。

（1）急性阑尾炎。急性阑尾炎是由于阑尾腔梗阻后，继发细菌感染所致。它是儿童最常见的急腹症，以6～12岁的孩子发病率最高。

急性阑尾炎发病较急，开始时表现为脐周或中上腹部疼痛，并逐渐加重，数小时后转移到右下腹部（阑尾部位）。疼痛为持续性，剧烈时不能直腰。早期可有低烧，随着病情的发展，体温可以升达39℃左右，伴有恶心、呕吐、便秘或腹泻现象，按压腹部时，右下腹有局限性压痛。如出现以上症状，应怀疑有急性阑尾炎。当患急性阑尾炎严重时，易发生穿孔、坏死、腹膜炎等并发症，会危及生命。

急性阑尾炎的治疗原则是，早期手术切除发炎的阑尾。但医生有时会根据病情决定具体治疗方案。对早期、单纯性阑尾炎的病人，可采用中西医药物保守治疗。但是，如病情加重，则应立即手术。

（2）慢性阑尾炎。慢性阑尾炎是由于急性阑尾炎未经彻底治疗（非手术治疗）逐渐转变而来的。它的主要症状就是经常有右下腹部疼痛，有时伴有消化不良等症状，右下腹有明显的固定压痛点。慢性阑尾炎如果反复发作不能治愈，则必须通过手术切除阑尾，以获得根治。

35. 癣是怎么回事？应当怎样预防？

癣，又分头癣、手癣、足癣、股癣等。癣病，是霉菌通过一些公共用品和不卫生的个人习惯而互相接触传染的。

皮肤感染了霉菌，可出现小水疙，并且很痒。一旦抓破，又易被其他细菌侵袭而感染化脓性癣，常见于趾、足缘、足弓及手掌等处。

癣病的预防办法如下。

（1）加强公共场所的卫生管理，禁止病人游泳、进浴，理发时应使用专用工具。

（2）公共用品，如拖鞋、澡盆、理发工具等，都必须严格消毒。

（3）养成良好的个人卫生习惯，减少对周围环境的污染。

36. 什么是“沙眼”？应当怎样预防和治疗？

沙眼，是一种慢性传染性结膜炎。早期或轻症沙眼，一般无明显症状，偶有流泪和轻微异物感。在炎症的急性期，会有畏光、流泪、少量分泌物及眼疲劳等症状。如有继发感染，可出现活动性角膜血管翳、角膜溃疡、眼睑内翻、倒睫等，同时伴有严重的视力障碍。

沙眼的预防措施如下。

（1）做好卫生宣传教育工作，进行群防群治。

（2）养成良好的卫生习惯，提倡用流水洗脸，一人一条毛巾，毛巾洗后在通风处晒干。

（3）注意室内通风，不要用脏手和衣襟擦眼。

（4）避免乱用他人毛巾和公共毛巾，如理发室、浴室等服务行业的毛巾。

沙眼的治疗办法如下:

（1）轻者使用局部药物治疗，如0.1%利福平眼药水、金霉素眼膏等。

（2）重症沙眼除药物治疗外，可辅助手术治疗。乳头多的沙眼用摩擦法，滤泡多的沙眼用压榨术。沙眼的合并症，如眼睑内翻、倒睫，可行内翻矫正术或倒睫电解术。沙眼性眼干燥症，除点人工泪液外，也可做下泪点封闭术。

37. 什么是“红眼病”？患了红眼病怎么办？

红眼病，即流行性结膜炎，是由细菌感染引起的。该病多发生在夏、秋季节，在集体场合如家庭、单位、学校、托儿所、游泳池等处流行。

红眼病一般在感染1～2天后发病，表现为双眼先后发病，眼结膜充血，即白眼球发红及有较多的黏脓性分泌物（俗称“眼屎”）。轻者自觉眼中有异物感和烧灼感（由于分泌物附着于角膜表面，可有暂时的视物模糊，一般无视力障碍，经眼球转动或冲洗后即可恢复）；较重者，则会出现眼痛、畏光、流泪、视力障碍、眼皮肿胀等。

患了红眼病，可用抗菌素眼药点眼，反复多次，有一定疗效。严重的可用激素类眼药水，还可以用抗毒素眼药水。也可用淡盐水洗眼，或用医用生理盐水冲洗结膜囊内的分泌物。如眼分泌物不多，可用消毒棉签擦净眼睑，做好局部清洁工作。另外，还可酌情选用中药治疗。

38. 如何识读医生的处方？

每日用药次数通常以分子式书写，如每日3次写作3/日，每4小时1次写作1/4小时等，或用拉丁文简写，其含义简介如下。

g——克
mg——毫克
μg——微克
ml——毫升
u——单位
qd——1日1次
bid——1日2次
tid——1日3次
qid——1日4次
qod——隔日1次
qw——每周1次
biw——两周1次
can——每晚睡前1次
q2h——每两小时1次

q8h——每 8 小时 1 次

2～3 次/d——每日 2～3 次

皮下——皮下注射

肌肉——肌肉注射

静注——静脉注射

静滴——静脉滴注（即输液、打吊针、打点滴）

另外，所有处方均需要医生签全名后，方可生效。

39. 防止眩晕的妙方有哪些？

（1）生姜防晕车晕船法。

① 取一片生姜贴于内关穴，男左女右，再用绷带或手帕扎好，可保持 24 小时不晕车晕船。

② 将一片鲜姜含于口中，或喝些姜汁，即能减轻以至消除晕车晕船现象。

（2）冬瓜子治眩晕法。

取 500g 冬瓜子，焙干研成细末服用，每次 50g，早晚各一次，久服可治眩晕。

（3）按穴治眩晕法。

① 用双手中指对准晕听区（位于耳尖直上 1.5cm 处，向前、向后各延伸 2cm 之水平线），左右各旋转按揉 36 次。严重者，可增至 100 次。

② 用拇指和食指按压合谷穴（手的虎口处）10 余下。

③ 左手握拳，右手大拇指和食指上、下夹距无名指和小指根大约 0.7cm 处，用力揉按，同时吸一口气，慢慢呼出，按压一次约 7 秒钟。然后，换另一只手做，每只手做 5 次。

（4）茶叶防晕车法。出远门的人上车前饮用一杯浓茶汁，对预防晕车有一定作用。

（5）桂圆壳治头晕法。将 9g 桂圆壳煎服，可治心虚头晕。

（6）涂清凉油防晕车。坐车时有轻度晕车者，可在前额、鼻唇间的人中处，涂少许清凉油或薄荷油等。

（7）喝醋防晕车晕船法。出发前喝一小杯加醋的温开水，可预防晕车晕船。

40. 冬季热敷如何进行？

（1）敷头。用一条专用毛巾浸于热水中，捞出拧干后消消热气，先敷前额和头顶，再敷后脑。敷毕，再用手指做梳头动作，并揉摁百会、印堂、风池等穴位。此法可健脑提神，改善脑循环，使血压保持稳定，防止眩晕。

（2）敷眼。将热毛巾放在双眼上，双眼要睁开，让热气直接作用于眼球，产生温润、清爽、舒适的感觉。敷毕按摩眼角、眼眶和太阳穴。此法可使眼部血脉畅通，视野清晰，对近视、眼疲劳有好处。

（3）敷背。若背部保暖不好，风寒之邪极易通过背部侵入人体，损伤阳气而致病，或使旧病复发，如过敏性鼻炎、慢性支气管炎、哮喘、胃溃疡。有心血管疾病的患者更应注意保暖，用热水袋贴于背部是最佳的保暖方法。如果出现咳嗽等症状，热敷法还有一定治疗作用。具体方法是，热水袋装入 60～70℃（体弱或婴幼儿不超过 50℃）的热水，置于背部靠上部位。

（4）敷肚。热毛巾敷于腹部，可增强蠕动，排出肠内积气，对腹胀、消化不良等有一定防治功效。

41．冬季如何保养自己的肌肤？

面对寒冷的天气，肌肤比其他季节更不容易呵护，皮肤更容易缺乏水分而干燥脱皮。如何在这个季节里让自己的肌肤晶莹剔透、水灵灵呢？

由于冬季天气寒冷，皮肤干燥容易发痒，故应避免使用洗净力太强的肥皂和清洁剂，这些东西会把人体制造的天然保护油脂都洗掉，而应使用由天然成分，如椰子油、芦荟、小麦胚芽制成的无香料、多油脂的香皂。脸部应选富含芦荟成分的清洁胶或霜，因为芦荟非常保湿，可使肌肤含水度提高。每次洗完澡后，要使用润肤乳液来防止皮肤干涩紧绷。如果天气很冷，可选用杏仁油、或维生素 E 油来预防皮肤干裂脱皮。食用低油脂食物的人可能会发现皮肤比以前干燥得多，因此需要更多的滋润。而涂抹杏仁油等，可以帮助皮肤补充一些失去的油分。如在冬季做去角质保养，须慎选产品。由于大多数清洁按摩霜都稍具磨损性，冬季易敏感缺水的肌肤可能会因损伤而产生不适感。可以多选择天然成分的产品，尤其长面疙者更不可用颗粒状的去角质产品，改用酵素去角质，直接敷在脸上即可。冬天去角质的次数要比夏天减少，敷面膜的次数可以增加。因面膜可以去除脸部表层的死细胞，并帮助缩小粗大的毛孔，使肌肤看起来平滑鲜润。冬天虽然天气冷不易口渴，但是水分的摄取不可忽略。

42．什么是性病？

性病，主要是指通过性行为而传播的疾病。主要包括艾滋病、淋病、梅毒、非淋菌性尿道（阴道）炎、尖锐湿疣、生殖器疱疹、软下疳、性病性淋巴芽肿等 10 多种。由于这些病不仅在性器官发生病变，而且常侵犯淋巴、内脏及其他器官，因此是危害身体健康的传染病。

43．性病的传染途径有哪些？

性病一般通过以下三种途径传染。

（1）直接接触传染。健康人与患有性病的异性或同性恋者发生性行为时，由于皮肤或黏膜破损感染了病菌或病毒而传染性病。

（2）间接接触传染。健康人同性病患者拥抱、接吻、哺乳或输血，使用消毒不严的血液制品和被病菌污染的物品等，都可能传染性病。

（3）胎盘或产道感染。例如，梅毒螺旋体和淋病双球菌通过胎盘、产道传染给胎儿或新生儿。这样，胎儿出生后就会患先天性疾病，新生儿也会出现淋病性眼炎。

从现实生活中来看，卖淫嫖娼是性病传染的主要途径。性病病人中 95%左右是通过不洁性交而传染的。

44．性病有何危害？

性病的危害极大，它对个人、家庭、社会和国家都会造成很大的危害。

（1）严重影响生育能力。患淋病等性病的妇女，如不及时治疗，病毒扩散到子宫、输卵管及周围组织，会发生盆腔炎症性疾病，而输卵管炎又会引起输卵管阻塞，导致不育或宫外孕，丧失生育能力。男性病患者发生附睾炎也会造成不育。

（2）影响后代的生长。婴儿在子宫内或生产过程中受感染，除导致流产、死产及先天畸形外，还可发生眼部感染及肺炎等疾病，从而增加了婴儿死亡率。另外，父母患有性病，也会通过家中的盆、桶、杯、碗、毛巾、被褥等物品将病原体传给子女，危害子女健康，从而影响到整个民族的身体素质提高。

（3）造成痛苦。一旦患上性病，治愈较难，容易反复，久而久之会造成沉重的经济负担，严重影响身心健康。

（4）增加肿瘤发生率。研究报告显示，性病患者的肿瘤发生率高于正常人群，癌变者屡见不鲜。艾滋病确诊后五年内死亡率达85%以上。

45．性病应如何预防？

防止性病发生和蔓延，关键在于积极预防。为此，应从以下几个方面着手。

（1）国家应采取严厉措施，坚决打击强迫、诱引、容留妇女卖淫的违法犯罪分子；对有卖淫、嫖娼和性乱行为的人除教育处罚外，要强行制裁。

（2）严格婚前健康检查制度，患有性病而未治愈者不得登记结婚。

（3）从自身做起，远离腐败的有损于社会公德的不洁性行为。

① 提高认识，培养良好的性道德观念。性问题不是个人的生活小节，而是严肃的社会问题的组成部分。性道德水平是衡量一个青年道德品质的重要标志。因此，应树立正确的性道德观念，培养健康文明的性道德情操，养成良好的性文明行为。

② 用理智节制性欲，坚决抵制低级、黄色影视、书刊的侵蚀，把全部精力放在学习和事业上，减少对异性的神秘感和好奇心，加强法制观念，增强性道德观念和道德意志力，珍惜童贞，爱护名誉，避免陷入性犯罪的深渊。

③ 积极参加健康向上的文体活动。经常参加健康向上的集体性文体活动，可以丰富自己的课余生活，中断幻想内容。并根据兴趣发展特长，把兴趣发展成乐趣，把乐趣与自己的理想和奋斗目标结合起来，形成志趣；通过追求志趣转移青春萌动的邪念，排除性冲动产生的种种意志和行为。

俗话说得好："安逸思淫欲，无聊寻刺激。"学生正处在长身体、长知识的黄金时期，只要珍惜青春年华，专心致志地求学上进，只要心中装着学业和理智，一切杂念自然没了立足之地。

46．什么是艾滋病？它有何危害？

艾滋病（AIDS）的全名为"获得性免疫缺陷综合症"，它是由艾滋病病毒（HIV）即人类免疫缺陷病毒感染而引起的一种传染性疾病。

HIV侵入人体后，破坏人体的免疫功能，继而发生一系列不易治愈的机会性感染和肿瘤，最后导致患者死亡。

艾滋病是一种病死率极高的严重传染病，目前还没有治愈的药物和方法，但可预防。

艾滋病病毒主要存在于感染者的血液、精液、阴道分泌物、乳汁等体液中，所以通过性接触、血液和母婴三种途径传播。绝大多数感染者要经过5～10年时间才发展成病人，一般在发病后的2～3年内死亡。

47．为什么说中国是艾滋病病毒类型较多的国家？

自从 1985 年第一例艾滋病病毒感染者在中国被发现后，艾滋病在中国迅速本土化，不但感染者的数量急剧上升，而且在全世界已经发现的艾滋病病毒类型中很多已在中国被发现，中国已经成了具有艾滋病病毒类型较多的国家。

目前，国家卫生部宣布，中国有 8 种类型的艾滋病病毒流行（A、B、C、D、E、F、G、H），中国是世界上艾滋病病毒类型较多的国家之一。在中国流行的 8 种艾滋病病毒毒株中，B 亚型占 47.5%，C 亚型占 34.3%，E 亚型占 9.6%。

从地区分布上来看，不同亚型病毒在不同地区，呈现不平衡的分布。来源于泰国的吸毒人群的 B 亚型，流行区域最广，几乎可以在所有的被调查地区发现；来源于印度的吸毒人群的 C 亚型，多分布于吸毒者较多的云贵川和西北地区，并随流动人口传到华东、华南；来源于东南亚地区的 E 亚型，主要见于西南边境和东南沿海地区；少数非洲回国劳务人员感染的非洲 A、D 和 G 亚型，常见于内陆各个省份；广东最主要的是南美洲常见的 F 亚型。

从人群分布上来看，吸毒人群感染的主要是 B、G 亚型；经血液感染的主要是 B 亚型；在性传播人群中，所有的亚型都已经被发现，并以 E 亚型最多见。

另外，HIV-1 型和 HIV-2 型重组病毒在我国已经被发现。根据专家介绍，1 型病毒是引起艾滋病全球流行的病毒，主要表现为传播迅速、临床病程进展快；而 2 型病毒则呈区域性流行，在非洲西部感染率高，目前在美洲、印度、欧洲已经发现少数感染者。

48．为什么说目前中国已经进入了艾滋病快速增长期？

自从 1985 年 6 月 23 日在我国首都北京发现了首例艾滋病病例以来，到 1993 年，即 8 年时间，我国累计艾滋病病毒感染者达到 1 万余例；从 1993 年到 2001 年，即第二个 8 年时间，我国累计艾滋病病毒感染者达到 85 万人。国家卫生部发布的艾滋病防治工作情况通报显示：2002 年上半年，我国报告发现艾滋病病毒感染人数比上年同期增长了 16.7%，虽然增长幅度有所下降，但累计感染者人数已增长到 100 万人。

全国疫情报告显示：目前我国艾滋病感染途径以静脉吸毒注射毒品为主，接近 70%；感染者中超过 50%是 20～29 岁年龄组，青壮年是受艾滋病影响的主要人群，全国 31 个省、自治区、直辖市均有疫情报告。其中，感染者大部分集中在农村地区。

据世界卫生组织统计，截至 2001 年年底，包括中国在内的西太平洋地区艾滋病病毒感染总人数为 120 万人，中国居第 1 位，同时居亚洲第 4 位和世界第 17 位。

早在 2000 年 6 月 28 日，中国科学院院士、艾滋病研究专家曾毅教授就在中国科学院第十次院士大会学术报告会上作了《艾滋病的流行趋势、研究进展及遏制措施》报告，他指出："中国近年来艾滋病病毒感染者以每年相当快的速度增长，说明中国已经进入了艾滋病的快速增长期。根据艾滋病在一个国家的流行规律，开始为传入期和扩散期，一旦进入快速增长期，就会呈现感染加速度增长的趋势，如果在这个阶段不采取有力的措施，中国将成为世界上艾滋病感染者人数最多的国家，艾滋病的流行将成为国家性灾难。"

49．为什么说性传播将成为中国艾滋病传播的主要途径？

在中国的卖淫嫖娼人群中艾滋病感染人数有迅速增长的势头，增长速度已经超过输血和吸毒人群中的艾滋病感染者的增长速度。

除了广东人、港澳台人士、外籍人员等文化程度较高的人群能主动地使用避孕套预防艾滋病的感染外，卖淫嫖娼者没有主动使用避孕套的意识。根据调查统计，有 30%～40% 的嫖客不与卖淫女配合使用避孕套，有 50%以上的卖淫女不购买避孕套。

中国经济处于不断发展的过程中，流动人口不断增加。中国的权威媒体报道，目前中国涌入城市的农村打工妹在 1800 万左右，平均年龄不到 23 岁，文化水平低，其中有 90% 从事服务行业，这部分人也是从事卖淫业可能性最大的人群。

因此，从防治艾滋病的角度看，解决卖淫嫖娼传播艾滋病的问题，是当前我国面临的一个严峻挑战！

50．如何预防艾滋病？

艾滋病是一种病死率极高的严重传染病，目前还没有治愈的药物和方法，但可预防。

艾滋病病毒主要存在于感染者的血液、精液、阴道分泌物、乳汁等体液中，所以通过性接触、血液和母婴三种途径传播。绝大多数感染者要经过 5～10 年时间才发展成病人，一般在发病后的 2～3 年内死亡。

与艾滋病病人及艾滋病病毒感染者的日常生活和工作接触（如握手、拥抱、共同进餐、共用工具、办公用具等）不会感染艾滋病，艾滋病不会经马桶圈、电话机、餐饮具、卧具、游泳池或公共浴室等公共设施传播，也不会经咳嗽、喷嚏、蚊虫叮咬等途径传播。

（1）洁身自爱、遵守性道德，是预防经性途径传染艾滋病的根本措施。

（2）正确使用避孕套不仅能避孕，还能减少感染艾滋病、性病的危险。

（3）及早治疗并治愈性病，可以减少感染艾滋病的危险。

（4）共用注射器吸毒是传播艾滋病的重要途径。因此，要拒绝毒品，珍爱生命。

（5）避免不必要的输血、注射，不用没经严格消毒的器具拔牙和美容等，使用经艾滋病病毒抗体检测的血液和血液制品。

另外，需要说明的是，应关心、帮助和不歧视艾滋病病人和艾滋病病毒感染者，他们是疾病的受害者，应该得到人道主义的同情和帮助。家庭和社会要为他们营造一个友善、理解、健康的生活和工作环境，这有利于提高他们的生命质量、延长生命，也有利于艾滋病的预防和维护社会安定。

艾滋病威胁着每一个人和每一个家庭，预防艾滋病是全社会的责任。

思考与讨论

1．为什么要重视饮食卫生及常见病防治？

2．本章中的几个案例，对你有何教育和警示作用？

3．本章所介绍的饮食卫生与常见病防治知识，你是否已经全面认识、理解和掌握？

4．你以前是否真正注意到了饮食卫生与常见病防治问题？

5．你在将来的学习、生活和工作中，应当怎样注意饮食卫生与常见病防治？

6. 除了本章介绍的饮食卫生与常见病防治知识外，你认为青年学生还应当注意哪些饮食卫生与常见病防治问题？

7．通过对本章内容的学习，你对饮食卫生与常见病防治问题有何重要认识、体会和感想？

8．请结合实际深入讨论青年学生注重饮食卫生与常见病防治问题的重要性、必要性和紧迫性。

9．请以小组、寝室或班级为单位，组织形式多样、丰富多彩的饮食卫生与常见病防治知识竞赛活动、文艺活动或其他宣传活动。

09

第九章

治安安全

本章寄语　从我做起，严加防范

安全、文明、健康、和谐的校园环境，是办学的基本条件。学校治安作为社会治安的一个十分重要而又特殊的组成部分，对保障学生安全及其学习、生活和健康成长，具有至关重要的作用。因此，搞好学校治安管理，不仅是党和国家始终关心的问题，也是每一个学校领导、教师和教职工的基本任务和重要职责，同时还是全社会义不容辞的责任和义务。

当前，我国社会治安状况就总体而言还是比较良好的，但是犯罪分子并没有完全绝迹。有的犯罪分子还时常盯住学校这片“净土”和思想单纯、容易上当受骗的青年学生而伺机作案，致使一些学生遭受恐吓、威胁甚至财产损失或者身体损伤等。这就需要加强学校治安管理，对学生进行安全教育。与此同时，广大青年学生自己也应当提高警惕，注意安全，从我做起，严加防范，坚决预防和杜绝各种不应有的治安事故发生！

所以，青年学生在日常学习和生活中既要具有强烈的安全意识和自我保护意识，又要具有强烈的防范意识和警惕意识，切不可麻痹大意、放松警惕；既要学会自我保护，又要做到严加防范，使不法分子无可乘之机；既要了解不法分子的作案特点和规律，又要学习和掌握一些必要的自卫方法和技术，坚决同各种不法分子作斗争。只有这样，才能真正做到“防患于未然”，才能更好地确保自己的安全，维护自身的权益，使自己免遭痛苦、不幸或损失。

希望本章所介绍的各种知识，能对全国各地各类职业院校的每一位学生在治安安全方面都有所帮助！

治安安全案例

案例 9–1 为争荣誉砸死人

1995 年冬季，××学校评比先进班级，甲班被评上，乙班不服气。一日晚 11 时许，乙班 2 名学生有意向甲班班长寻衅，导致殴斗。结果甲班班长被乙班 2 名学生用石块活活砸死，乙班 2 名学生分别被处以劳动教养和赔偿损失。

案例 9–2 盗窃、强奸被判刑

1996 年 5 月 28 日，××工业学校 19 岁的学生袁×，携带匕首，潜入邻近的××市卫生学校女生宿舍进行盗窃活动。袁×推门进入一寝室后，见一女生王×正躺在床上看书，于是袁×顿生邪念，欲行奸污。王×见此后毫不示弱，先是斥责、呼救，然后奋力反抗，并与袁×进行了搏斗。在夺刀中，王×受了伤，袁×见无法下手后，便狼狈逃窜。很快，袁×被公安机关缉拿归案，后被提起诉讼，以盗窃、强奸（未遂）罪被判刑。

案例 9–3 16 岁的女学生被拐卖

1994 年 10 月一个星期六的下午，广西××中学的女生李×放学回家和妈妈一同上街时，因事与妈妈怄气而没有同妈妈一起回家，而是自己单独坐在路边生气。这时，过来一个中年人，花言巧语地与李×攀谈了起来。这样，李×很快就感觉自己遇到了“知音”，得到了别人的理解和同情，后来就完全放松了戒备。又过了一会，这个中年人拿出了一个橘子给李×吃，李×吃完橘子后不久就感到头脑发昏、浑身无力。最后的结局是，李×被人贩子拐买卖了一个偏僻的农村，这位年仅 16 岁的女学生竟做了一个 38 岁男人的“媳妇”。

案例 9–4 及时报案擒歹徒

1998 年 10 月 18 日下午 6 时左右，××理工学校的学生李×骑自行车返校途中，被两个小青年截住，喝令下车。李×下车后，不由分说就被其中的一个小青年抓住衣领拳打脚踢推到了路边沟里，搜去身上仅有的 20 元钱。李×回到学校后，立即向老师和派出所如实报告了情况。第三天下午，该校集体到新星影院看电影。学生李×刚要进电影院，又遇见了前两天抢劫他的那两个人。其中一个恐吓李×说：“快去买两盒‘555’烟来！”此时，李×急忙转身找到老师，一面派人盯住这两个人，一面急忙拨打“110”。几分钟后，这两个小青年被公安人员抓获。

案例 9–5　大学生携款报到，骗子竟伺机骗钱

2001 年 8 月 24 日，学生赵×到××大学报到。刚出火车站不久，就有一男一女搭话，他们说乘飞机刚到，钱包和密码箱都丢了，希望能借钱打个电话。赵×一听，打电话也花不了多少钱，就答应了。接着，男的打电话，女的就和赵×聊天，问他是哪里人，在哪里上学，学费是多少等。打完电话后，男的说今天他要到南方谈一笔大生意，但没钱去不了损失很大，希望赵×能借些钱，明天中午由女的送到赵×宿舍。于是，赵×就把身上带的 6000 元钱学费全借给了他们。但回校后，赵×却始终不见那个女的还钱。

案例 9–6　轻信骗子谎言，女大学生“算命”遭强暴

一名 19 岁的女大学生葛××因轻信算命先生的无稽之谈，让算命先生张××为其破解所谓的“桃花之灾”，结果惨遭强暴。

19 岁的葛××××学院大学二年级的学生。2002 年 8 月 30 日上午，因马上就要开学，葛××便提前来到火车站购买车票。上午 10 点多，葛××买完车票后感觉时间还早，便来到济宁市太白路附近游玩。

突然，路边的算命先生张××拦住葛××说她犯了“桃花灾”，以后和谁结婚都会把丈夫克死，还会给自己的家人带来灾难。倍感恐惧的葛××信以为真，便要求张××帮助“破解”，张××便将葛××骗到济宁市任城区接庄镇一片玉米地附近，将葛××强行奸污。

遭到侮辱的葛××事后才如梦方醒，连忙向公安机关报案。第二天，这名只有初中文化程度的 44 岁村民张××被抓获归案。

案例 9–7　技校门口敲诈学生，一校园“黑手”被斩断

经过连续十几天的守候，2002 年 11 月 17 日山东省××公安分局终于将一名经常敲诈技校学生钱财的男青年抓获。2002 年 11 月 18 日，这名男青年被处以治安拘留 15 天的处罚。

2002 年 11 月初，××公安分局连续接到辖区内一所技工学校学生报案，称一名男青年多次在其学校附近活动，通过威胁手段敲诈他们的钱财。接到报案后，派出所立即布置警力，在该校附近暗中守候。然而，一连八九天，嫌疑人都未露面。

2002 年 11 月 17 日下午 5 时许，一名骑一辆旧山地车的男青年进入守候民警的视线，他鬼鬼祟祟地在技校门口转了两圈后，向一名刚出校门的男生走去。他恶狠狠地向男生说了几句话后，将其领到一个偏僻的角落。在他的威胁恐吓下，男生慌忙掏遍身上的口袋，找出一把零钱。正当男青年抓过学生手里的钱准备离开时，民警来了个人赃俱获。

经审查，这名男青年姓王，系无业人员。自 2002 年 2 月以来，他多次来到该技校，通过威胁手段敲诈学生钱财。这些学生多是来自外地农村的少年，大多被他的嚣张气焰吓倒。

治安安全知识

1．怎样正确使用“110”报警电话？

“110”是公安机关为广大人民群众设置的全国统一报警服务电话，本着“有警必接、有险必救、有难必帮、有求必应”的宗旨，24小时全天候为群众服务。

当遇到以下情况时，应立即拨打“110”：被盗窃、被抢劫、被绑票，女生遇到流氓滋扰等情况，以及遇有其他危险而需要紧急求助时。

拨打“110”时，要做到具体、详细、准确。首先要告知自己的姓名、学校、住址、联系电话，然后再报告案件、事故的性质，以及发生的时间、地点和简要情况等。不要谎报案件。谎报案件是违法行为，必将受到处罚。

2．学生宿舍发现可疑人时怎么办？

（1）主动上前询问，态度应和气，询问应细致。若无疑点，必要时还可帮助找人。

（2）来人回答疑点较多，神色慌张，则应进一步盘问，问其姓名、单位，要求看其证件。为避免矛盾，也可叫老师或学生干部按宿舍制度出面询问，若核实无误，又无证据，应让其离去。

（3）如来人经盘问疑点很多，不肯说出真实身份，或身上携有赃物、作案工具等物品，应由值班人员及学生干部一面按宿舍管理规定与其谈话将他拖住，一面打电话给学校有关部门及领导，尽快来人审查弄清情况。

（4）要注意的几个问题：一是态度始终要和气，即使可疑人激动争吵，也应请值班人员按宿舍管理规定与之讲理，切不可动手；二是不能随意进行搜查；三是如果可疑人真是个盗窃分子，还要防其突然行凶或逃跑。

3．宿舍防盗应注意哪些问题？

（1）最后离开寝室的人要锁门，要养成随手关门锁门的习惯。

（2）不能随便留宿非本寝室人员，若要留宿，则应向宿舍管理人员和学校有关部门汇报。

（3）对形迹可疑的陌生人应提高警惕，及时向学校有关部门报告，一律不能让其进寝室。

（4）注意保管好自己的钥匙，另配钥匙要登记，丢失钥匙要报告，不要随便借给他人。

（5）加强对宿舍的管理，经常检查门窗，及时消除不安全隐患。

（6）值班人员要切实负责，熟悉本宿舍人员，对明显不是学生的人，应禁止入内；对进出携大量物品的人员，一律要问明情况，查验证件，进行登记。

4．学生宿舍常见的盗窃方式有哪几种？

（1）“顺手牵羊”。趁主人不备，将衣物、学习用品、生活用品甚至现金盗走。

（2）翻窗入室。窃贼翻入易于翻越、攀登的窗户，包括门口的气窗。

（3）撬门扭锁。手段狠毒，进门后将抽屉、箱子往往撬遍，只要是值钱的东西都盗。

（4）乘虚而入。主人不在，房门不锁，窃贼入室。如果居住的宿舍管理混乱，人员混杂，或者寝室老是不锁门唱“空城计”，则往往给乘虚而入者以可乘之机。

5．哪些学生宿舍容易被盗？

（1）居住成员混杂、搬动频繁的宿舍。寝室人员常有进出，难以照应，给宿舍管理、值班带来困难，容易被钻空子。

（2）管理松懈、制度不严的宿舍。学生宿舍人员进出十分随便，外来人也可随意找人、进来参观，容易使盗贼乘虚而人，进行盗窃。

（3）无人值班或值班人员无责任心的宿舍。值班制度不严，值班人员对工作缺乏责任心，对进出者一律不管，为盗贼提供了极好的机会。

（4）缺乏警惕性、互不关心的宿舍。有的学生看到宿舍里有外来人不声不响，不闻不问，漠不关心，这种状况是盗窃分子求之不得的。

（5）门窗缺乏安全措施的宿舍。门口的锁坏未修或门上无保险锁。一楼窗户无栏杆易被翻入；二楼以上窗户，如有便于攀爬的管道、壁沿等，也容易被窃贼利用，翻入室内作案。

6．学生宿舍通常在什么时间容易被盗？

（1）刚入学时，宿舍进出人员多，容易被盗。

（2）放假前，学生在宿舍整理东西时，容易被盗。

（3）学校举办大型的文体活动，外来人员剧增时，容易被盗。

（4）开门频繁，盗贼易乘虚而入时，容易被盗。

（5）学生都去上课、上晚自习而宿舍楼无人时，容易被盗。

（6）学校开大会、开运动会或看电影等，同宿舍的学生都走空时，容易被盗。

7．窃贼在盗窃学生宿舍时的主要伎俩是什么？

盗窃分子作案，主要目标是现金，包括银行存折和汇款单。此外，还有收录机、照相机、衣物等价值较高的物品。盗窃分子入室后，往往是先开抽屉，再开箱子，最后翻被子、枕头和衣物等。

窃贼被人发现后，一是“骗”，推说是来找人的，以蒙混过关；二是“逃”，趁只有一两人发现，还未对其形成合围之势，立即逃之夭夭；三是“混”，先逃出发现者的视线，再躲入厕所、空房或阳台等处，等乱过了再从容离去；四是“求”，装出一副可怜模样，请求别人放过他（她）；五是“凶”，铤而走险，掏出凶器威胁。

8．发现学生宿舍被盗后怎么办？

（1）发现寝室门被撬，抽屉、箱子的锁被撬坏或被翻动，则很可能盗窃分子已来“光顾”，应立即向学校领导和有关部门报告。

（2）保护好现场。

（3）如发现存折被盗或可能被盗，应尽快派人挂失。

（4）如实回答前来勘验和调查的公安保卫干部提出的各种问题。回答时一要实事求是，不可凭想象、推测；二要认真回忆，力求全面、准确。

（5）积极向负责侦破的公安保卫干部提供情况，反映线索、协助破案。

9．怎样防止自行车被盗？

（1）新买的自行车一定要到车辆管理所进行登记安户后，方可上路。

（2）要养成离车落锁的好习惯。

（3）骑车去公共场所时，自行车要寄存。

（4）如学校有车棚，晚上最好将车搬入车棚存放。放假期间，最好将车推入寝室或交给同学保管。

（5）如学校无车棚，晚上或停放时间较长时，最好用钢丝锁将车锁在固定场地（如停车架、栏杆）上，或者将两辆车前轮锁在一块，使车子难以被搬走，这样丢失的可能性要小得多。

10．外出时怎样防止钱物丢失？

（1）不要携带大量现金和贵重物品到人多拥挤的地方。如必须携带较多钱款，可分散放置在内衣的口袋里。

（2）不要把钱夹放在身后的裤袋里。例如，带包出门，在挤车或拥挤时，包应放在身前。

（3）在人多眼杂处，不要翻点现金，以免被扒手盯上。

（4）留心是否已被扒手盯上或成为目标。扒手观察动静时，侧目斜视，常与观察他的人目光“触电”；窥视他人钱物时，眼珠滴溜转；作案得手时，余光观人。

（5）不要因为自己年轻力壮，精明敏锐，从来未被扒窃而麻痹大意。应尽可能避免拥挤，坐车、购物拥挤后，要及时检查一下自己的钱物。

11．如何避免遭受抢劫或被绑架？

（1）尽量不要独自外出，外出时要结伴而行。

（2）不要独自在偏远、僻静的林间小道或山路上行走，不到行人稀少、环境阴暗、偏僻的地方，应避开无人之地。

（3）不要外露或向人炫耀随身携带的贵重物品和现金，单独外出时不要轻易带过多的现金。

（4）不要轻信陌生人的花言巧语（如父母在医院住院等）；不要食用陌生人的食物和饮料，以防被麻醉后遭抢劫。

（5）尽量避免深夜滞留在外不归或晚归。

（6）穿戴适宜，尽量使自己活动方便。

（7）单身时不要显露出过于胆怯害怕的神情。

12．万一遭受抢劫或被绑架后怎么办？

（1）要保持精神上的镇定和心理上的平静，克服畏惧、恐慌情绪，冷静分析自己所处的环境，对比双方的力量，针对不同情况而采取不同的对策。

（2）要尽力反抗，大声呼救。

（3）要和犯罪分子斗智斗勇，可借助有利地形和可利用的砖头、木棒等与作案分子周旋，以拖延时间，使作案分子在短时间内无法近身。

（4）无法与作案分子抗衡时，可看准时机向有人、有灯光或宿舍区奔跑。

（5）当已处于作案分子的控制之下而无法反抗时，可按作案分子的需求交出部分财物，并理直气壮地对作案分子进行说服教育，晓以利害，以造成作案分子心理上的恐慌；或者保持镇定，与作案人说笑，表明自己已交出全部财物，并无反抗的意图，使作案人放松警惕，看准时机逃脱控制。

（6）采用间接反抗法。即趁其不注意时，在作案人身上或衣服上留下暗记。例如，抓破对方的皮肤留下血迹，抓住头发留下发丝，撕下衣服的纽扣或衣服的碎片，在其口袋里放入小的物品等，这一个个证据在甄别认定犯罪时将会起到重大的作用。

（7）在与犯罪分子面对面的接触中，要尽量记住其各种特征，如性别、年龄、身高、体态、发型、长相、衣服、动作和语言等，以便公安机关在排查嫌疑对象时，可以根据这些特征有重点地进行排查。

（8）案犯让给家中打电话时，要暗示自己所在位置及有关情况。

（9）及时报案。

（10）无论在什么情况下，只要有可能就要大声呼救，或故意高声与作案人说话。

13. 学生遇到被敲诈时怎么办？

学生遇到被敲诈时，要灵活应对。事后一定要向老师或学校保卫部门报告，以便及时制止这种敲诈行为。为避免被敲诈，平时学生身上尽量不要带钱或少带钱。

14. 为什么学生在交往中容易受骗上当？

学生时代，是人一生中的黄金时期，学生一般富有逸想，精力充沛，热情活泼，渴望人际交往。然而，一些学生未涉社会，不懂选择，轻率交友，往往受骗上当。

从众多受骗上当的事实中反思，不难看出学生身上确实存在着一些容易被人利用的因素。

（1）思想单纯，缺乏社会经验。在学习生活中，时常有一些前来寻访的熟人、老乡、同学或朋友的朋友、熟人的老乡、同学的同学之类的人，而学生思想单纯，不论真假，缺乏刨根问底，轻易地就受骗上当。

（2）疏于防范，感情用事。学生时代，风华正茂，热情奔放，很多人（尤其是新生）激情溢于言表，来不及形成防范的概念，这在客观上给诈骗分子以可乘之机。

（3）有求心切，轻率行事。有些学生为达到目的，不辨青红皂白，轻率交友，这就很容易受骗上当。

15. 学生交友怎样防止受骗上当？

（1）对于熟人或朋友介绍的人，要学会“听、观、辨”，即听其言、观其色、辨其行。

（2）对于“初相识”者，要小心谨慎，在不了解对方的时候，不要轻易露出自身的底细。

（3）对于那些“来如风雨，去似微尘”的上门客，态度要热情，处置要小心、稳妥。

（4）注意“四戒”：一戒交低级下流之辈，二戒交挥金如土之流，三戒交吃喝嫖赌之徒，四戒交游手好闲之人。

（5）在交往当中察明对方的疑点或已经受骗上当，应及时报告给老师或学校有关部门，切勿“哑巴吃黄连，有苦说不出”。

16. 学生怎样防止被绑票？

犯罪分子将学生绑架来当做人质，然后向家长索取大量的钱财，这叫“绑票”。有些犯罪分子穷凶极恶，达不到目的时就将绑架来的孩子杀掉，这叫“撕票”。对于绑票，应该采取以下措施。

（1）防范。一是不独自外出或独自到偏僻的地方去；二是不要乱接触陌生人，或轻信陌生人的话；三是上学或放学的路上要结伴而行。

（2）抗拒。如果碰上犯罪分子来绑票，一定要大声呼救，不要被吓得不知所措；在被绑票时注意认清犯罪分子面目、口音、路线，并故意遗下线索，利于家人找寻。

（3）智取。在犯罪分子强迫自己与父母电话联系时，要巧妙暗示自己所在位置；当救援人员到来时，要充分利用地形地物，时刻准备逃离绑票者的掌握。

17. 外部对学生的滋扰有哪些常见的表现形式？

所谓滋扰，就是以各种形式对校园秩序的破坏扰乱，对学生的无端挑衅、侵犯甚至伤害。其表现形式通常有如下几种。

（1）一些受变态心理驱使的青年到校内游逛，故意怪叫、谩骂，有意扰乱秩序。

（2）一些校外青年与学生争抢活动场地，喧宾夺主，引发矛盾和冲突。

（3）青年犯罪团伙邀约到校内斗殴滋事。

（4）有的不法青年在游泳、看电影、观看比赛等公共场合与学生发生矛盾，进而酿成冲突。

（5）个别学生因与同学之间有矛盾，特地叫来校外青年，到校内寻衅滋事，伺机进行报复。

18. 学生应当怎样对待外部滋扰？

总的要求是掌握法律武器，依靠组织和集体，有理、有利、有节地积极开展斗争。

（1）做好思想准备，正确看待，积极干预，慎重处理。

（2）发现外部滋扰问题，要及时报告，依靠组织、集体的力量，积极干预和制止违法行为。

（3）注意方法，避免纠缠，防止事态扩大。

（4）自觉运用好法律武器，一是坚持以说理为主，不要轻易动手；二是注意掌握证据。

19. 哪些女生容易遭受性攻击？

在性犯罪中，凡女性，无论老幼都有被攻击的可能，而以16～29岁的女性为主要攻击目标。女生正值青春年华，在年龄上，她们成了犯罪分子性攻击的重点对象。从女生受到性伤害的实际情况来看，下面几种类型容易遭受攻击。

（1）长相漂亮，打扮入时者。

（2）文静懦弱，胆小怕事者。

（3）作风轻浮，有性过错者。
（4）身处险境，孤立无援者。
（5）体质衰弱，无法自卫者。
（6）怀有隐私，易被要挟者。
（7）不加选择，乱交朋友者。
（8）贪图钱财，追求享受者。
（9）意志薄弱，难拒性诱惑者。
（10）精神空虚，无视法纪者。

20. 女生在哪些场所容易遭受性攻击？

（1）校内的公共场所，如游泳池、厕所、溜冰场等。
（2）校内的偏僻幽静处，如空旷操场、池边湖畔、假山土墩、亭台水榭、森林深处、偏僻小道、建筑物结合部。
（3）公园假山、树林内。
（4）车站、码头附近。
（5）没有路灯的街道、楼边、小巷。
（6）无人居住的小屋、陈列室、茅棚。
（7）大桥下、立交桥下、值班室内。
（8）影院、舞厅、酒吧、游戏室等公共娱乐场所。

21. 女生集体宿舍应当注意哪些安全？

（1）经常进行安全检查，如发现门窗损坏，要及时报告给学校有关部门进行修理。
（2）就寝前，要关好门窗，在天热时也不能例外，以防止犯罪分子趁女生熟睡时作案。
（3）夜间上厕所要格外小心，最好结伴而行。
（4）夜间如有人敲门问讯，要问清是谁，辨清声音后再开门。如发现有陌生人闯进来图谋不轨，全室的学生要一起大声呼救，并进行反抗。
（5）周末或节假日，最好不要在宿舍独宿。
（6）无论一人或多人在宿舍，当犯罪分子来侵害时，都要保持冷静的态度，做到临危不惧、遇事不乱。一方面要大声呼救；另一方面，要与犯罪分子作坚决斗争。

22. 女生在夜间行路时应当注意什么问题？

（1）保持警惕。要走灯光明亮、往来行人较多的大道，最好是结伴而行。路边黑暗处，不要单独行走。
（2）陌生男人问路时不要带路，一般也不要向陌生男人问路。向陌生男人问路时，不要让其带路。
（3）不要穿过分暴露的衣衫和裙子，避免产生性诱惑。另外，也不要穿行动不便的高跟鞋。
（4）不要搭乘陌生人的车，防止落入坏人的圈套。
（5）遇到不怀好意的男人挑逗时，要及时斥责，表现出自己应有的自信与刚强。如果碰上坏人，首先要高声呼救，保持冷静，利用随身携带的物品或随机抓到的东西作为武器进行反抗。

(6)一旦不幸遭到侵害，不要丧失信心，要振作精神，鼓起勇气，坚决勇敢地同犯罪分子作斗争。要尽量记住犯罪分子的特征，如面貌、体形、语言、服饰及特殊标记等。要及时报案，并提供证据和线索，协助公安部门破案。

23. 女生如何防止被拐卖？

女学生被拐卖的事件已发生多次，公安机关严厉打击也取得了很大成效。女学生必须提高自我保护意识，学会保护自己，使犯罪分子无可乘之机。

(1)要增强自身的防范能力。正正当当做人，不要想非分之所得，让坏人无空可钻。

(2)要学会辨别，提高识别能力。一般说来，拐卖人口的犯罪分子，通常具备这样的特点：一是利用名利诱惑，投其所好，攻其不备；二是假交朋友，暗藏祸心，图谋不轨；三是花言巧语，能言善辩，见风使舵。对此，学生应多问几个“为什么”。

(3)要结伴而行，尽可能不要独来独往、单个行动。

24. 女生怎样防止和反抗流氓强奸？

(1)不要独自出游。

(2)一个人在家时不要给非亲非故的男人开门。

(3)遇到色狼一定要大声呼救，并挥动手中的物品不让其靠近。如被抱住，就用手戳其眼睛，或用水果刀、小剪刀刺其手脚，或用鞋后跟用力踩其脚背等。总之，身边一切物品，都能当做武器使用，以求摆脱危险。

(4)若被坏人推倒在床上，则要用被子迅速罩住坏人的头脸，将其推倒后，迅速逃跑。

(5)可假装顺从，让坏人自己先脱衣服，趁其不备，迅速一头将其撞倒，或用拳头及其他物品击打他的腹部，也可用鞋尖猛踢其头部或阴部，然后夺路而逃。

25. 什么是正当防卫？

《刑法》第二十条规定：“为了使国家、公共利益、本人或者他人的人身、财产和其他权利免受正在进行的不法侵害，而采取的制止不法侵害的行为，对不法侵害人造成损害的，属于正当防卫，不负刑事责任。”

26. 弱者必学的滑脱术有几种？

(1)如果歹徒右手虎口朝前正抓住你的右腕，你可右臂向右拧转，至拳心向上时停住，随即对着歹徒的大拇指使劲屈肘收腕。这样就可挣脱。

(2)如果歹徒左手虎口朝下抓住你的右腕，你克向外侧拧转右腕，直至拳心向上正对自己肩头使劲屈肘收腕，以其小指为支点，手腕从歹徒拇指侧突出，此时自己用劲很顺当而歹徒用劲十分被动困难，这种“己顺敌背”的方法极易成功。

27. 对付徒手歹徒的防卫方法有哪几种？

(1)磕腿接踹腿。若是歹徒向你猛扑过来，你可等他将近之时，不但不退，反而用一脚磕腿踩迎其前腿的膝关节，同时用一手格迎其伸来之手。因为歹徒扑来之时，意在向前，不可能料到你会突然从下发来一腿，所以此腿虽低，却很容易成功。歹徒膝关节一旦被击中，必然身体前弯，这时你可从容上前一步，用另一只腿猛踹他暴露出来的空当之处。

（2）连三拳。如路遇歹徒，可先用出其不意的快招打消其嚣张气焰。你可突发右拳，狠击其双目，歹徒必然会抬起前手阻挡你的右拳。此时，你则拧转腰胯，再发后手冲拳击其腰际，一般可告成功。如果歹徒前手下勾，再次防开你的左冲拳，也不必惊慌，待其前手刚向下运动时，你即拧腰转胯，发出尚未回收的右掌，狠击其颜面。

（3）贯拳顶裆。如歹徒伸出右手欲抓捏你肩胸，你可身体向右拧转，右手屈肘竖小臂，手腕内收，格挡其来手。动作不停，左腕内扣并下压，牵其右手向左后外侧摆动，将自己的身体向左拧转，右拳借转体之势，猛然挥出，贯击其左颈。歹徒下颌被击，身体必然后仰，暴露出裆部。此时你可骤然向左侧抬膝，撞击其裆部。

28．对付持刀歹徒的防卫方法有几种？

（1）脚踢法。匕首或菜刀都具有刀刃锋利、威胁性大的特点。若能在歹徒刚掏出凶器的那一瞬间或在其骄横得意、掉以轻心的时候，突然起脚踢落其凶器，然后猛扑上前，击打他的要害部位，便可使其瞬时之间丧失战斗力。当歹徒手持匕首，上下挥动，威胁你时，你要突然抬起左腿踢飞其匕首，然后猛扑上前，用右手戳击他的双目，使其致残。

（2）顶裆击后脑。当歹徒右手举菜刀威胁你时，你可拭目以待，做好防卫准备。若歹徒挥刀向你劈来，你可靠前一步，迅速低头下蹲，并向左躲闪，从其腋窝下方钻出。其挥臂斜劈时腋窝处是死角，故躲闪较易成功。一旦躲过歹徒砍来的第一刀，即刻起身一手抓其肩，一手推其臂，使其刀无法向你反劈。然后迅速抬起左膝，迎撞其裆部。撞击歹徒之后，右脚向前斜插落下，挡住其前脚，然后运用腰劲，双手随右脚下落之势，猛劈歹徒的后脑勺。

29．较为实用的女子防身术主要有哪几种？

（1）顺手牵羊法。歹徒伸右手摸你脸或下巴，你可双手分抓其手指，使劲分撕，使其产生难忍剧痛，也可双手正握其手掌，向歹徒身体右外侧扭卷。动作不停，随着双手加劲，右脚上前逼进一步于歹徒左脚外侧，使其因疼痛难忍而向后翻倒。也可左脚向左侧外摆一大步，身体左转，双手向左后牵动，使其翻倒。

（2）穿手压臂法。歹徒伸出右手欲探摸你胸部，你可左臂竖起将来臂向右格开，右手同时抓握其拇指或手掌，右手向下压并穿入歹徒手臂内侧。整个动作犹如自由泳的插水动作，插入的手臂若能伸到歹徒的胯下，则可反掌别他的头部，使其丧失侵害能力。若歹徒使劲挣扎，则随其挣扎而仰身抬腿为摔倒歹徒创造条件。动作不停，手掌突然放掉所控制的头部，夹肘抬臂，猛别歹徒肘关节，整个身体盘腿下跌，使歹徒肩肘关节脱臼而跌倒在地。

30．学生怎样抗暴防身？

（1）掌握力学原理，一根手指制服歹徒。关节散布于人体的各个部位，如手指、手腕、肩、颈、腰、膝、踝、趾等。应用杠杆作用原理，向平常弯曲的相反方向推出，就可借此挫败歹徒。

（2）突袭紧要部位。任何人的眼睛、鼻子、耳朵、太阳穴、下颌和阴部等部位受袭后必然惨叫。

（3）紧掐歹徒脖颈。当歹徒行凶时，只要用双手紧掐其脖颈，或用绳子、布袋等器物紧紧勒住其脖颈，就可很快使其窒息，甚至丧命。

31．怎样反抗多名歹徒攻击？

首先，要大喊救命，尽可能逃走；其次，要先对付最初向自己攻击过来的人，猛击对方要害部位或拉对方的手腕，反扭对方的胳膊，能打倒这个人的话，其他几个就有可能被镇住不敢动手。

如被赶到死胡同，可与墙保持膝盖或肘可以弯曲的距离而站，稍微把身体放低或半蹲的姿势，这样即可避免对方从背后偷袭，纵使对方掷过来砖、石之类，也容易抵挡。

如逃到人烟稀少的偏僻处，则要经常向旁边的方向移动，注意将对手分开，再乘机逃走；歹徒靠近时，就用沙子、泥土、树枝、杂草打击他的眼睛，使其受伤，争取时间逃到安全地方。

32．怎样对付持刀歹徒？

面对凶恶残忍、手拿利刃的歹徒，最基本的方法是避开为上策。但转身跑开会暴露背部，有被刺的危险，很不安全，因此要横着避开，且侧向对方持刀的方向闪开是最佳方法。

如果无法逃脱，就仰躺在地，膝与脚跟“V”形弯曲，对方要刺躺于地的人是很困难的，而不停摆动双脚，还可击落歹徒的刀子。

对付持刀歹徒的要决是迷惑其眼睛，可迅速脱掉外衣在对方面前舞动，或舞动随身携带的东西，如书包、雨伞等物，使歹徒难以近身，并伺机击落歹徒的凶器。

如他已抓住你的胸口，你应迅速用一手反抓住对方抓你胸口的手腕，用力向后扳屈，使其感到剧痛而失去身体重心，以致无法向前刺来。并立即对其前脚一扫，使其摔倒，乘其倒地时，提腿用力向其胸口踏去。

33．怎样对付持枪歹徒？

首先，要善于隐蔽自己，如有歹徒在远处向自己举枪瞄准，要迅速到墙角、巷道或其他地方隐蔽。

对付远距离的持枪歹徒时，要力争缩短距离以求在近身战中避开对方的枪击危险，并以迅雷不及掩耳的速度将对方打倒。例如，对方持枪站在自己面前，已举枪射击时，则应以闪电速度踏前、侧身、移位，以左手推开枪口，并抓住对方持枪的手，右手猛击歹徒的喉咙，并用左手拉回对方持枪的手，再次用右手摆拳打对方的面部，以脱离险境。

34．人人可用的防卫招式有哪几种？

（1）击腹法：遇脖子被歹徒勒住，速回拳头或肘猛击歹徒的腹部，可使其松手。

（2）蹬踩法：用鞋跟部猛蹬歹徒的胫骨前部或用力踩歹徒的足部。

（3）扭指法：遇到歹徒将自己勒住或抱住时，速将其小指捏住，并用力向外侧扳，使之剧痛或折断其手指。

（4）戳喉法：五指合拢并伸直，以指尖或掌侧猛戳歹徒的喉头。

（5）击膝法：靠近歹徒时，提膝向其胯下或裆部、小腹部猛撞。

（6）戳眼法：两指叉开呈“V”形，使劲插戳歹徒的眼睛。

（7）口咬法：尤其是女性被歹徒抓住后，在不得已时，可用口咬歹徒的舌头、鼻子、口唇、耳朵或手指等。

（8）头撞法：歹徒靠近时，可用头部撞击歹徒的胸、腹和头等要害部位。

需要说明的是，这些方法只能用来对付歹徒，用于正当防卫，千万不可在同学之间滥用，以免造成令人痛心的后果。

35．刑事责任的年龄规定是怎样的？

《刑法》第十七条规定："已满16周岁的人犯罪，应当负刑事责任。已满14周岁不满16周岁的人，犯故意杀人、故意伤害至人重伤或者死亡、强奸、抢劫、贩买毒品、放火、爆炸、投毒罪的，应负刑事责任。已满14周岁不满18周岁的人犯罪，应当从轻或者减轻处罚。因不满16周岁不予刑事处罚的，责令他的家长或者监护人加以管教；在必要的时候，也可以由政府收容教养。"

思考与讨论

1．为什么说治安安全非常重要？

2．本章中的几个案例，对你有何教育和警示作用？

3．本章所介绍的治安安全知识，你是否已经全面认识、理解和掌握？

4．你以前是否真正注意到了治安安全问题？

5．你在将来的学习、生活和工作中，应当怎样注意治安安全？

6．除了本章介绍的治安安全知识外，你认为青年学生还应当注意哪些治安安全问题？

7．通过对本章内容的学习，你对治安安全问题有何重要认识、体会和感想？

8．请结合实际深入讨论青年学生注意治安安全问题的重要性、必要性和紧迫性。

9．请以小组、寝室或班级为单位，组织形式多样、丰富多彩的治安安全知识竞赛活动、文艺活动或其他宣传活动。

10

第十章 应急、自救与救护

本章寄语　若遇伤害，首先自救

“天有不测风云，人有旦夕祸福”。中等职业学校、高等院校的青年学生在日常学习和生活中，由于种种原因，有时会遇到一些无法预料或突如其来的意外事故。特别是在从事各种体育锻炼活动、外出旅游活动或进行实验、实习时，一些意外伤害事故常常会发生。如果发生意外事故，千万不要着急心慌、无所适从而乱了自己的阵脚，而应当沉着冷静、多想对策、设法自救，妥善处理意外事故。

许多事实证明，青年学生身遭各种意外事故时，如果自己具有应急、自救和救护等方面的知识、技术和准备，能冷静、沉着、迅速、科学地采取合理的急救措施，往往会在很大程度上争取时间，减少伤害，降低伤亡，减少痛苦。因此，对广大青年学生来说，学习和掌握一些简单、实用的应急、自救和救护知识与技术，提高自我防备能力，以便在自己或他人遇到各种意外事故时采取一些急救措施，是十分必要的！

当然，急救措施并不是万能的，只是用来在特殊情况下减少痛苦、减少生命危险和防止伤害扩大而已。一旦脱险或伤害得以控制后，应将患者及时送往医院进行系统治疗。

希望本章所介绍的各种知识，能对全国各地各类职业院校的每一位学生在应急、自救与救护方面都有所帮助！

应急、自救与救护案例

案例 10-1 大声呼救，免遭损失

2001 年 5 月 3 日中午，四川××大学的女生李××独自一人赴峨眉山旅游。当她在一探大树下休息时，自己手中的钱包不幸被一个青年男子抢走。这时，李××一方面快速追赶，一方面大声呼救，结果这个盗贼很快就被周围的游客抓住了，钱包又重新回到了李××的手中。

案例 10-2 田亮同学勇救落水儿童

1999 年 7 月 24 日下午 2 时许，放假回家的湖南省××学校的 17 岁男生田××到一水库游泳，当他刚脱下衣服准备下水时，发现水库边上的一个小男孩正在水中拼命挣扎。于是，田××同学迅速跳进水中，一把抓住小男孩立即游到岸边。上岸后，小男孩已失去知觉、停止呼吸，田××同学立即对其进行控水和心肺复苏，没过多久小男孩便复苏过来而得救。事后，这个小男孩的父母拿出 1 万元钱到田××同学家中登门酬谢，田××不仅分文未收，还说“这是我应该做的”。

应急、自救与救护知识

1．紧急呼救方法有哪几种？

（1）大声呼喊。在遇到火灾、爆炸、河堤缺口、山崩塌方、歹徒行凶等险情时，大声呼喊，往往可以使附近人员发现。

（2）在江河、湖泊、大海及山涧溪流，可用一种染色剂联络。此种染色剂粉撒在水中呈蓝翠绿色，在阳光下发荧光，飞机可在 7 公里以外看见。

（3）在开阔的草地、海滩、沙漠及雪地上，可制作地面标志，如将青草割制成标志或将树枝、海草拼成一定标志，也可在雪地上踩出标志，与空中取得联络。

（4）夜间可使用火焰联络。烟火发出的火焰明亮异常；手电等虽可见距离不远，但使用时间长，也便于营救人员发现。白天可在火堆上放些青苔、树枝，让其多冒烟，会更为醒目，效果更好。

2．骨折后如何进行现场急救？

骨折就是骨的连续性或完整性部分或完全断裂。大多数是由于外力的冲击所致。

发生骨折后，骨折部位有疼痛感、压痛感，并伴有肿胀和畸形。患处发生功能障碍，活动受限，不能负重。如果骨折使神经、肌键、重要血管和脏器受损，还会发生严重的并

发症，很容易诱发休克、出血、感染、内脏损伤等。

骨折现场急救的目的在于抢救患者生命，使其减少痛苦，防止再损伤或再污染，并为安全转运创造条件。

首先要使患者平卧，了解外伤受力情况，检查伤口，密切观察患者呼吸、脉搏、血压。如有呼吸、心跳骤停，应立即抢救。但不可盲目搬动病人，要及时就地取材（树枝、木棍、木板、纸板等）对患肢进行固定；无物可取时，上肢可用布条悬吊并固定在胸前，下肢可与健侧下肢绑在一起。开放性骨折（即骨折处的皮肤或黏膜破裂，其骨骼与外界相通）露出的骨头在临时固定时不要再放回伤口内，以防造成感染。

上述工作完毕后立即送医院急救处理。

3．断手、断指时如何进行应急处理？

有些学生平时爱玩刀子等锐利的东西，不小心常将手或手指划伤；有时甚至不小心将手或手指伸进机器里，这样很容易将手或手指弄断。那么，当发生断手、断指时怎么办呢？当手指受到意外伤害被切断离开人体后采取的应急处理方法如下。

（1）首先应止血。一般断手、断指时因动脉血管被割断，流血速度快，出血量多，如果不马上止血，人就会晕倒，医学上叫“休克”，那是很危险的。止血时应拿一个绷带或一个较宽的长布条，在胳膊上部中上 1 /3 处紧紧地缠住，压住一条叫肱动脉的血管，这样就能很快地止血。切记不要拿一条绳子或较窄的布条胡乱一绑，或包扎得太靠下面，这样会引起皮肤缺血坏死。

（2）其次要包扎伤口。如果伤口很干净，就用一些消过毒的纱布包扎好，止住伤口处的渗血。如果伤口很脏，就要用生理盐水冲洗一下，手边有双氧水冲洗就更好。如果没有，就暂时用干净的自来水将伤口上的泥土冲净，然后再包扎好。

（3）应想方设法找到断手、断指，妥善保存。因为现在的医学很先进，能将断手或断指再接活。如何保存呢？先把断手或断指拾起，用生理盐水或清水冲洗干净，然后用一块干净的纱布包住，装在一个干净的塑料袋里，最后把它放在装有冰块的桶里。等以上工作都做完，就尽快把病人和断手或断指一块送至有条件的医院里进行治疗。记住，千万不能用酒精或福尔马林等各种消毒剂、消毒液来泡断手、断指，因为这样很快就会使刚断掉的手或手指坏死。当然，在事故刚发生的时候，一定要一边呼救，一边处理，头脑要冷静，并以最快的速度将病人送往医院，以便让医生尽可能施行再植手术，减少伤者残废的机会。

4．摔伤碰破后怎样救护？

不管是摔伤还是碰破，几乎所有的外伤都有伤口。皮肤、黏膜为人体组成了一个最好的屏障，使病菌无法侵入。一旦皮肤摔伤碰破，就为细菌的侵入开了方便之门。所以，及早处理伤口是预防感染的关键。

摔伤碰破后，伤口周围会有很多泥土、污物、血块。因此，要先用清水将这些脏物彻底清洗干净，然后用凉开水加几粒盐冲洗伤口。小的伤口出血先用加少许盐的凉开水冲洗局部，然后涂些红药水，再用干净布料、手绢敷盖。对头部或毛发较多的部位出血，应先用剪刀将毛发剪掉，清洗伤口后用手绢包扎。如果伤口处出血量大，可用手指压住伤口两侧边缘，血管受压后会中断血流。如果摔伤后在四肢部位有大血管破裂，出血很多，应立即找些橡皮管、布带或绷带在大腿根部或上肢腋窝处勒紧止血，但不能用电线、细绳子。

上止血带前要把受伤肢体抬高。在送病人去医院时要记住上止血带的时间。

总之，摔伤碰破后，如果是在学校，小而浅的伤口可涂红药水，伤口周围用酒精消毒，然后用消毒纱布或干净手绢贴敷局部包扎。大的伤口，不要乱用药水或消炎粉，只需要用消毒纱布覆盖，避免继续污染，然后送医院去处理。伤口内如有异物，大而易取的可酌情取出，深而小又不易取的异物或刺入体腔及血管附近的异物，不要勉强取出，待到医院手术取出。

5. 头部受伤后怎样救护？

头皮为头颅的最外层，头部受伤后，头皮会发生不同程度的损伤、挫伤、血肿、裂伤及撕脱伤等情况。如果头部受伤后表皮无破裂，只有皮下出血、水肿、周围软组织肿胀，一般不需要特殊处理。头部外伤后血肿，早期（受伤后24小时之内）宜用冰袋冷敷以减轻疼痛和肿胀。晚期（受伤24小时之后）改用热敷，以助血肿吸收消散。

头皮擦伤或挫伤仅需要做局部消毒包扎，并注意观察有无并发头颅脑损伤。头皮撕裂伤应及早进行消毒和包扎止血，防止伤口感染。头皮血液丰富，伤后出血多，可用绷带压迫包扎止血或用并排指尖压于创伤缘外，也可用消毒纱布、干净手绢、衣物盖于伤口上用手按压暂时止血。用创可贴将创缘拉拢最为简便。

头部受伤后有呕吐、头晕、头痛等症状时，可能发生脑震荡。应使病人安静平卧，头放平，头部冷敷，2～3小时内不给饮食并及时送医院；发生严重骨折时，头部应进行简单无菌包扎，不要用外用消炎药。

6. 流血不止怎样处理？

有些学生在玩耍时碰伤了身体，往往会流血不止，特别是鼻子最容易出血。出现上述情况时，应采取如下措施：四肢或手指出血，应马上用一块干净的纱布或较宽的干净布条将伤口紧紧地包扎住，若家里有云南白药，则先敷一些药粉后再包扎。如果是鼻出血，正确的做法是低下头，用手指紧压住出血一侧的鼻后根部，一直到不出血为止；如果有干净的棉球，就将棉球塞进鼻孔里压迫止血，不能塞得太浅，否则起不到止血的作用，也不能将头仰起，以免把血咽进肚里或呛进气管里。另外，也可以用冷水浇在后脑勺上，这样就会引起血管收缩达到止血的目的。

7. 烧伤、烫伤后怎样处理？

烧伤、烫伤是日常生活中常见的一种皮肤损伤，多因沸水、热油、热汤、热蒸气、火焰等所致。

烧伤、烫伤轻度者，可用苏打水（一平匙苏打加一杯水）浸过的干净布冷敷局部，涂些獾油、清凉油等。烧伤、烫伤部位已经起泡的，不要弄破，以免感染。可在水泡周围用酒精涂擦，然后用干净布包扎或干燥外露。为了不给转送的医院增加诊断困难，不应上消炎粉等药物。烧伤、烫伤后，衣裤鞋袜不要强撕硬脱，先用剪刀剪开，然后慢慢揭脱，以免加剧创面损伤。如果烧、烫伤面积大且伤势重，可用湿的清洁被单包裹，外覆毯子送医院治疗。烧伤、烫伤后，如果表皮仅仅发红，无水泡或表皮脱落，应用清洁冷水冲洗创面或浸于冷水内，这样既可止痛又能减轻水肿。此外，还可以抹点干净的动植物油、清凉油或市售的烧伤、烫伤膏，伤面可不包扎。在保护烧、烫伤创面时，要避免污染和再损伤。

切勿涂用有色药物及油类，以免影响对创面的观察。严重的头、面部烧伤、烫伤，应立即送往医院治疗。在运送到医院途中，要注意保持伤者的呼吸道通畅。严重烧伤、烫伤者，多在2～3小时后发生休克。因此，在运送至医院的途中，要让病人保持平卧，不要直立，可以喝些淡盐糖开水（含盐1%，含糖5%），疼痛明显的可服止痛药。

8．晕厥怎样急救？

晕厥是因一时大脑供血不足而失去知觉的一种急症，最常见的原因是疼痛、精神紧张、恐惧、站立时间过久、平卧、下蹲时突然站起等，使回流到心脏的血液减少，造成脑组织血流量不足。发生晕厥者常有眼前发黑或冒金星、头晕、心慌、无力、摔倒在地、失去知觉等症状。一般的晕厥时间短暂，大多不超过1分钟即能清醒。急救办法如下：一是立即让病人平卧，头略放低，脚稍抬高，以改善头部血液供应；二是针刺人中穴位；三是解开紧裹的衣领；四是补充点糖水或热茶水。

9．中暑怎样急救？

中暑，是由于环境温度过高，引起人体体温调节中枢失调而出现的一种突发疾病。由于中暑发生的环境及个体情况的不同，中暑的症状亦不同。轻者表现为头痛、头晕、恶心、呕吐、心慌、全身无力，重者则会出现体温上升、烦燥、昏迷、四肢抽搐，甚至呼吸、循环系统衰竭而死亡。中暑的急救措施主要有以下几项。

（1）迅速将病人转移至阴凉通风处，解开衣扣，取平卧位。

（2）可用冷水毛巾湿敷头部或擦其全身，也可用扇子扇等。

（3）对于轻度中暑者，可以饮用凉盐开水或其他清凉饮料，同时口服人丹、十滴水等解暑药。

（4）危重患者应立即转送医院治疗。

中暑的预防措施主要有以下几项。

（1）在夏季应合理安排作息时间和劳动强度。

（2）在高温环境下工作或运动时，应多饮盐开水或盐汽水，并配备人丹、十滴水等防暑药。

（3）高温作业的车间应安装通风设备，做好个人防护。

10．溺水怎样抢救？

溺水是一种常见的意外事故，多发生在失足落水、游泳、沉船事故及自杀等情况下。落水之后，水会随着人体的呼吸运动而进入呼吸道，造成呼吸道阻塞，从而发生窒息而死亡。溺水症状的轻重与溺水量的多少，以及溺水时间的长短有密切关系。轻者表现为面色苍白、双眼结膜充血、四肢厥冷、心跳加快；重者则会出现颜面紫绀，口鼻腔充满白色或粉红色泡沫，甚至会出现昏迷、抽搐、呼吸和心跳停止而死亡等。

溺水的抢救措施主要有以下几项。

（1）应立即撬开溺水者的口腔，清除口腔内的异物，如泥沙、杂草、呕吐物等，并将舌头拉出口外，以便保持呼吸道的通畅。

（2）控水处理。抢救者一腿跪于地上，另一只腿屈膝，将患者的腹部安放在曲屈的膝关节上，并将其头部放低，然后按压患者的腰部进行控水处理。

（3）如心跳、呼吸停止，在控水处理之后，应立即施行心肺复苏术，若仍无效，应立即送往医院抢救治疗。

11. 怎样使心肺复苏？

在日常生活中，有时会遇到一种急症，那就是心跳骤停和呼吸停止。在这种情况下，如果不能立即进行现场急救，患者将很快死亡。因此，及时进行现场抢救，正确掌握心肺复苏术是非常重要的。

（1）引起心跳和呼吸骤停的常见原因。

① 各种心脏疾病：如心肌梗塞、心肌炎、心肌病、心包炎、风湿性心瓣膜病等。

② 意外事故：如电击或雷击、溺水、窒息等。

③ 某些药物过敏或中毒：如青链霉素过敏、洋地黄和安眠药中毒等。

④ 手术和麻醉意外：如心脏手术、心血管造影术、心包穿刺术，以及在麻醉过程中，由于操作不当或麻醉过深均可出现心跳、呼吸骤停。

（2）心肺复苏术的特征。

在施行心肺复苏术之前，必须明确心跳和呼吸是否停止。为此，可根据如下特征进行判断：患者突然出现意识丧失，倒地或抽搐，口唇紫绀，颈动脉和股动脉搏动消失，听不到心音，瞳孔散大，以及各种神经反射消失等。当出现心跳骤停后不久，呼吸往往也随之停止。因此，当出现以上特征时，应立即施行心肺复苏术。

（3）恢复心跳的操作程序。

① 心前区叩击术。操作方法是抢救者将左手掌根置于患者的心前区，右手握拳用中等力量连续叩击心前区的左手背数次，如无心跳出现，应立即施行胸外心脏按压术。

② 胸外心脏按压术。使患者仰卧在木板上或平坦的地面上，抢救者将左手掌根部置于患者胸骨中下 1 /3 处，右手掌握置于自己的左手背上，同时将肘关节伸直，冲击式地垂直压向脊柱方向，用力要以胸骨下段下陷 3～4cm 为度，然后迅速放松压力，按压与放松时间相等。反复操作，以每分钟 60～80 次为宜。

在进行胸外心脏按压时，应特别注意按压的部位和按压的力度。若按压部位错误或用力过重，可造成肋骨骨折、组织损伤或血气胸等；若用力太轻，则达不到挤压心脏的作用，造成抢救失败。

（4）恢复呼吸的操作程序。

心脏骤停后不久，呼吸往往也随之停止，因此在进行胸外心脏按压时，要施行人工呼吸，二者的次数比例为 4 : 1。

人工呼吸是根据呼吸运动原理，用外力使病人胸廓扩大和缩小，引起肺被动舒张和收缩，以恢复呼吸。它分为口对口人工呼吸和口对鼻人工呼吸两种，其中较常用的是口对口人工呼吸。

① 口对口人工呼吸。该方法简便易行。首先，要将患者的口、鼻内的痰、鼻涕清除干净，取出假牙，解开衣领、乳罩和腰带等，以保持呼吸道畅通，胸廓运动无阻力。然后立即进行口对口人工呼吸。抢救者用一只手将患者的下颌托起，使其头部后仰；抢救者另一只手捏紧患者鼻孔，再深吸一口气，将自己的口对准、对紧患者的口向里吹气，要使患者胸廓扩张方能有效；抢救者的口离开患者的口，同时放松捏鼻孔的手，并用手轻压患者的胸廓使之呼气，如此反复进行，每分钟操作 16～20 次。

吹气后要注意观察患者的反应。吹气后，患者胸廓略有隆起为成功。如果无反应，则要检查呼吸道是否不通畅或吹气方法是否不当、力量不足。

② 口对鼻人工呼吸。当患者口腔不易打开时，可进行口对鼻人工呼吸。其操作方法如下：抢救者一手扶稳患者鼻部，另一只手使患者口唇紧闭；抢救者吸足气后，用自己的口对准、对紧患者的鼻，向里吹气；抢救者的口离开患者的鼻，同时尽力打开患者的口腔使之呼气。

在心肺复苏过程中，一般需要 2 名急救者，分别进行胸外心脏按压和人工呼吸，但是如果现场只有 1 人急救，抢救者应先做胸外心脏按压 30 次，再行口对口或口对鼻人工呼吸 2 次，如此交替反复进行。当经过以上急救后，如果患者口唇、面色转红，并可触及颈动脉及股动脉搏动，胸廓有起伏，仍需要坚持 5～10 分钟的与患者同步的人工呼吸，然后再立即转送医院治疗。

12．被毒蛇咬伤后怎样急救？

学生到郊外实习、游玩或外出旅游时，有时会发生被蛇咬伤的情况。观察被咬部位，如果在两排牙痕的顶端有两个特别粗而深的牙痕，说明是被毒蛇咬伤；如果仅有一排细牙痕，则说明是被无毒蛇咬伤。被毒蛇咬伤后，应迅速用宽带子勒住伤口上方，静卧少动，免得毒液蔓延到别处。随后，用清水或 1∶1000 高锰酸钾溶液或冷茶、冷开水冲洗伤口，以冲走留在表面的毒液。然后，用锋利刀片在火上烧一烧，以毒牙痕为中心，划个十字切口，使毒液能通畅地流出。此外，也可以用吸奶器或拔火罐把毒液拔出来。这样反复做几次，使毒液流尽，再用盐水冲洗几次，然后将止血的宽带子去掉，立即到附近医院治疗。

13．被蜈蚣咬伤后怎样急救？

由于蜈蚣有一对尖形的腭牙，因此被蜈蚣咬伤后，伤口上一般有一对小孔，局部皮肤会出现红肿、剧痛等症状。但是，被较大的蜈蚣咬伤后，除了局部皮肤出现红肿、剧痛外，还可引起头痛、头昏、发烧、恶心、呕吐、淋巴管炎等全身症状。

由于蜈蚣的毒液呈酸性，因此被蜈蚣咬伤后，应立即用碱性液体清洗伤口，如用肥皂水、3%氨水或 5%碳酸氢钠溶液冲洗伤口。冲洗完毕后，可选用中草药，如用鹅不食草、半边莲、蒲公英、鱼腥草、大青叶各适量捣烂局部外敷，效果较好。

14．被蝎子蜇伤后怎样急救？

一般来说，小的蝎子蜇伤仅能引起局部红肿、疼痛；较大的蝎子蜇伤除引起局部炎症外，还可引起畏光、流泪、头痛、头昏、恶心、呕吐、肌肉疼痛、抽搐、呼吸困难、心肌麻痹而死亡。被蝎子蜇伤后，应当采取下列急救措施。

（1）立即拔除毒针，在伤口中上方扎上止血带，切开蜇伤处，用氨水或高锰酸钾溶液冲洗伤口，然后用火罐吸出毒液。

（2）局部敷药时，取蛇药片数片捣碎，用冷开水调成糊状湿敷伤口，亦可用中草药，如大青叶或捣料外敷伤口。

（3）对症处理的方法，包括止痛、抗惊厥、输液等。

15．被毒蜘蛛蜇伤后怎样急救？

一般的蜘蛛毒性不大，蜇伤后仅能引起局部组织红肿、疼痛或坏死。被黑色的毒蜘蛛蜇伤后，除局部出现红肿、疼痛外，还可能会引起严重的症状，特别是儿童的症状较为明显，如头昏、恶心、全身软弱无力、发烧、腹肌痉挛，甚至出现呼吸、循环衰竭等。被毒蜘蛛蜇伤后，应采取下列急救措施。

（1）位于四肢部位的伤口，可在其上方缚以止血带，每隔 15 分钟松开 1～2 分钟；位于躯干部位的伤口，可用 0.5%普鲁卡因在其周围封闭，然后在伤口上用火罐吸出毒液。吸毒完毕，将蛇药片捣碎外敷伤口。

（2）若症状较重，应静脉注射 10%葡萄糖酸钙 10mL，继以静脉滴注葡萄糖盐水，以利于毒液的排出。

（3）对症处理，包括镇痛、解除痉挛等。

16．被蜂类蜇伤后怎样急救？

蜂类蜇伤，症状一般较轻，局部仅仅出现红肿、疼痛，多在数小时内消退。但是，如果惊动了蜂窝，身体多处被蜇伤，往往会出现头昏、恶心、呕吐、烦燥不安、血压下降、休克、昏迷甚至死亡。被蜂类蜇伤时，应当采取下列急救措施。

（1）应立即将蜂刺拔出。若是蜜蜂蜇伤，可用肥皂水、3%氨水或 5%碳酸氢钠溶液任选一种洗敷伤口；若是黄蜂蜇伤，则要用食醋洗敷伤口。

（2）伤口周围可用蛇药片或中草药，如半边莲、紫花地丁等捣碎外敷。

（3）对症处理时，对有过敏反应者，可应用皮质激素及抗组织胺药治疗，血压下降可应用肾上腺素进行抢救。

思考与讨论

1．为什么要重视应急、自救与救护问题？

2．本章中的几个案例，对你有何教育和警示作用？

3．本章所介绍的应急、自救与救护知识，你是否已经全面认识、理解和掌握？

4．你以前是否懂得应急、自救与救护？

5．你在将来的学习、生活和工作中，万一发生意外事故，应当怎样应急、自救与救护？

6．除了本章介绍的应急、自救与救护知识外，你认为青年学生还应当掌握哪些应急、自救与救护知识？

7．通过对本章内容的学习，你对应急、自救与救护问题有何重要认识、体会和感想？

8．请结合实际深入讨论青年学生注重应急、自救与救护问题的重要性、必要性和紧迫性。

9．请以小组、寝室或班级为单位，组织一些关于应急、自救与救护方面的模拟训练活动。

11

第十一章

遵纪守法

本章寄语　遵纪守法，身体力行

职业院校的青年学生，其主要任务就是好好学习、安全生活、健康成长。而要完成这一任务，首先必须遵纪守法。这是每一所学校、每一个家庭和全社会对广大青年学生提出的共同要求，也是青年学生自己学习、生活和工作的基础。不遵纪守法，就不可能搞好学习、愉快生活、健康成长，很有可能会走向堕落甚至违法犯罪而身陷囹圄。这已被诸多事实所证实。

现代社会是一个法制社会。谁违法乱纪，谁就会受到法律的严惩和道德的谴责，也就不可能会有舒适、美好的学习和生活环境。

法网恢恢，案犯难逃。在我国广大公民和青年学生中，因以身试法、违法乱纪而被罚款、拘留、劳动教养、判刑或开除、自杀者，可以说是大有人在、不胜枚举。这些人无视法律的尊严，无视纪律的约束，不由自主地走向了违法犯罪的深渊。他们所留给人们的，只能是沉痛的教训和发人深省的思索！所以，法律面前，人人平等；遵纪守法，至关重要；从我做起，身体力行。

为了让事实说话，更好地教育和警示广大青年学生，本章专门选编了多个典型案例。这些案例不仅对学生，而且对教师和学校领导，都会引起深深的思索！

广大青年学生在日常学习和生活中，既要认真听从学校领导、教师和家长的教诲，又要具有强烈的法律意识和法制观念；既要模范遵守学校的各项纪律和各种规章制度，又要自觉遵守党和国家制定的一切法律和法规；既要学法、知法、懂法和守法，又要学会运用法律手段来保护自己，维护自己的合法权益；既要自觉养成遵纪守法的良好习惯，又要能积极、主动地同各种违法犯罪分子进行坚决斗争；既要提高自己区别“真、善、美”与“假、恶、丑”的能力，又要从我做起，从点滴小事做起，在思想上筑起抵制各种坏思想、坏行为的屏障，在行动上正确、理智地处理各种矛盾。只有这样，才能做一个不愧于时代的好青年、好学生！

希望本章所介绍的各种知识，能对全国各地各类职业院校的每一个学生在遵纪守法方面都有所帮助！

遵纪守法案例

案例 11-1　大学生兄弟同赴刑场

贵州省××学院 23 岁的学生黄中强和遵义××高等专科学校 21 岁的学生黄中国系兄弟俩。2001 年春季，他们兄弟俩经过周密策划后，预谋对邻居实施抢劫、杀人行动。

2001 年 4 月 26 日至 5 月 5 日，黄中强和黄中国二人又多次给受害人丈夫打电话说："有人雇凶杀你而错杀成你妻，你将 8 万元钱汇入被劫去的苟的储蓄卡上，就告诉你是谁雇凶。"后因公安机关及时侦破，这二人敲诈未能得逞。此后不久，黄中强和黄中国兄弟二人就被公安机关抓获归案。

2001 年 6 月 12 日，贵州省遵义市中级人民法院以抢劫罪分别判处黄中强、黄中国二人死刑，剥夺政治权利终身，并处没收个人全部财产。宣判后，二被告人均以"量刑过重"为由而提起上诉。

由于黄中强、黄中国兄弟二人采取极其残忍的手段入室杀死邻居抢劫财物，2001 年 9 月 4 日贵州省高级人民法院作出终审裁定：驳回上诉，维持原判。

2001 年 9 月 8 日 10 时 30 分，黄中强、黄中国兄弟二人被一同押赴刑场，执行枪决。

案例 11-2　便宜不能贪，赃物不能购

1998 年暑假，陕西省××职业中专学校的学生戚××，在其表哥的帮助下，贪便宜花了 300 元钱买回一辆八成新的轻便摩托车，戚××骑着买来的摩托车到处兜风炫耀，很是得意。可是，没有风光几天，当地派出所的民警便找上门来进行训诫，并带失主认领了该摩托车，追赃退了回去。原来，这是一辆被窃贼偷来的摩托车。

案例 11-3　"110"电话非寻常，胡乱拨打必被罚

山东省××职业中专学校 16 岁的学生马××，其辛勤劳作的父母双亲，为了能让他学到一手技能，1998 年 9 月咬牙拿出了多年积攒的 3000 元钱，送他到该校学习。一个偶然的机会，他听说"110"报警服务台是女民警值班，便产生了污辱女民警、从中寻乐的念头。于是，从 1999 年夏季开始，他经常专门在晚上找路边公用电话拨通"110"，一听见是女同志声音便张口就骂，淫秽、下流的词语不堪入耳。有时，一个晚上他要换多处电话亭。鉴于马××拨打"110"电话辱骂值勤民警，严重地干扰了公安机关的工作秩序，涉嫌寻衅滋事罪，1999 年 11 月初马××被公安机关抓捕归案。

案例 11-4　一点小事竟出人命

1993 年 4 月 10 日，吉林省洮南市××学校的学生王××借了杨××一支铅笔，价值 0.25 元。一天，杨××向王××要铅笔，王××不给，两人便扭打起来，不过王××打不过杨××。随后，王××将此事告诉给了自己的父亲，王××的父亲第二天下午到学校找

到了杨××，并当着学生的面踢了杨××，致使杨××便立即产生了报复心理。当天下午放学后，杨××赶着毛驴车拾粪遇到了王××。杨××用车上的绳子把王××捆绑了起来，并用铁锹在山包附近挖了一个2尺多深的坑，让王××跳下去，杨××用王××的衣服将王××的头部蒙住，开始向坑里填土。当土埋至其脖梗时，王××呼喊“救命!”杨××威胁说“再喊，就砍死你”。一直埋到看不见人为止。当晚，王××的父亲找儿子到山包上，扒开土后，发现儿子王××已经死亡。

案例 11-5　学生打饭加塞，教师拳脚相加

2001年3月9日上午，16岁的山东省××职业中专学校学生邹××在该校食堂打饭时加塞，被负责校纪的该校教务处主任刘××发现并制止，之后双方发生口角，刘××对邹××拳打脚踢，致使邹××当场昏倒在地。后经诊断，学生邹××为中度脑震荡。邹××住院期间，其花去医疗费5400余元，但刘××及校方前后共支付邹××3400元。后来，学生邹××曾多次找校方要求赔偿未果，于是一怒之下于2001年5月14日将教师刘××及校方告上法庭，要求两被告赔偿其医疗费、精神损失费等共计1万余元。法院调查认为，教师刘××已构成职务侵权，其全部责任应由校方承担。于是，2001年8月11日山东省德州市德城区人民法院依法判决如下：判处校方赔偿原告学生邹××医疗费、补助费等共计6700元。

案例 11-6　赌博危害大，千万别参与

云南省××学校学生王××，因长期参与赌博而输光了钱、饭菜票，变卖了衣服、计算器等抵账，最终走上了盗窃道路。开始他只是顺手牵羊地在校内盗窃同学的现金、饭菜票等，后来竟发展到盗窃学校的计算机，结果被判处4年有期徒刑。

案例 11-7　为找回被盗的钱，6名女大学生竟拘禁同学

舒××系南京××学院二年级女生。2001年9月，舒××在其宿舍先后被盗2000余元现金。她怀疑该钱是平时与自己相处较好的女同学朱××所盗，但遭到朱××否定。在此情况下，舒××于9月19日晚9时许，私自邀请同系李××、顾××等5名女生，将已经就寝的朱××叫至附近宿舍，采取抽耳光、脚踢等暴力手段肆意殴打，逼其下跪，脱其睡裙，进行羞辱，并胁迫其写下欠舒××2600元的“欠条”，直至次日凌晨2时许才告罢休，非法限制其人身自由时间长达4个多小时。10月8日，舒××等6名女生被南京警方以“涉嫌非法拘禁罪”刑事拘留。

案例 11-8　博士生被盗陷困境，抢劫行凶入囹圄

2001年6月，北京××大学博士研究生张××前往W市寻找工作。到达W市后，张××在一家职业介绍所交了50元的求职报名费，然后便赴该市风景区旅游。在返回W市途中，张××身上仅有的500元钱被小偷偷走。身无分文的张××返回W市后，无奈只好

在火车站度过了一天一夜。第二天下午 5 时许，又饿又渴的张××在火车站周围的一个商店门口发现了一辆没有上锁的自行车。于是，张××便骑上自行车就向东飞奔，一直骑到出城以外的山坡上。当他来到山坡顶上时，发现有一家小卖部，进屋看看后转身又走了。当时，屋内只有一位年已 60 岁的退休工人李××。半个小时后，张××手持一根长 35cm、直径 3.5cm 木棍又来到了这个小卖部，并向李××索要 100 元钱。李不给，于是张××就用木棍朝着李××头上狠狠砸去，致使李××头部出血。张××见李××没有被砸倒便撒腿就跑，李××随后猛追。结果很快张××就被李××抓住。李××拨打“110”报警后，民警同志将张××带到了公安机关。最后，张××因犯故意杀人罪而被判处有期徒刑 8 年。

案例 11-9　由黄色书刊引发的强奸杀人案

1996 年 2 月 2 日，广东省×××学校的男生邓××把邻居家的一个小女孩张××哄骗到自己的房间，将其奸污后，又用绳子勒、被子捂的手段，将张××害死。据后来邓××自己交待，邓××在深圳读书期间，其父母鼓励他要多读一些课外书。于是，他就经常去书店、书摊上找书看，接触了一些黄色书刊，对书上那些色情、打斗的内容表现出强烈的兴趣。生理上性的发育成熟使他产生了对异性的兴趣和好奇，以致犯下这一强奸、杀人罪行。

案例 11-10　黄色网站，害人不浅

山东省××市经济学校 16 岁的学生张××，由于家庭条件不错，前几年家中已拥有电脑，其父亲是个电脑行家。几年来张××对电脑的兴趣不减，加上聪颖和在校学习，他对电脑的操作技术也很熟练。1999 年 10 月，家中电脑连网以后，张××的父亲在网上联系广泛，其中不乏黄色内容，但未加保密措施。张××回家时，抽空就去操作电脑。其间不少黄色东西一览无余。很快，张××经常沉溺于电脑，整天不想学习、不思进取，终因在一家饭店嫖娼而被公安机关抓获。

案例 11-11　大学生吸烟调查报告

2002 年 11 月初，北京一所高校定出新的校规：想获得高额“国家奖学金”的大学生，除了具备家庭经济困难、品学兼优等硬性条件外，还不能抽烟。这是我国高校中“抽烟”与奖学金发放首次挂钩。

那么，大学生中“烟民”究竟有多少？是什么原因使他们染上了这一习惯？

“国家奖学金”是高校奖学金类别中最具权威性的。“国家等学金”以国家的名义于 2002 年 9 月开始设立并发放，是为资助高校贫困生完成学业采取的重大措施，也是目前高校中级别最高、奖励幅度最大的奖学金。

全国每年要定额发给 4.5 万名学生“国家奖学金”，按两个等级发放。一等奖学金标准为每年每人 6000 元，二等奖学金为每人每年 4000 元。凡国家奖学金获得者，其所在学校减免当年的全部学费。

“国家奖学金”来自国家财政，其宗旨就是资助贫困生顺利完成学业。“拿着国家的钱，怎么能用来奢侈浪费呢？”××大学的一位老师说。

那么，目前大学生里的“烟民”究竟发展到了什么程度？学会抽的、抽着玩的、从来不抽的，究竟占有多大比例？他们是如何染上这种不良习惯的？他们抽烟是为了潇洒、为了解忧还是出于无聊？他们有没有因为抽烟而影响了“进步”？带着一系列的问题，2002年11月中旬有关人员专门进行了调查研究。

1. 大学生烟民有多少

校园里的烟民是一个若隐若现的群落，时常可以看见他们在校园里、在操场上吞云吐雾，但学校真正搞检查的时候，他们又瞬间消失了踪影。老师苦口婆心的劝说和告诫，多数人当成了“耳旁风”。

但“证据”是掩饰不住的：在宿舍楼后的阴影里，在方砖的缝隙里，总有一些烟头赫然在目；甚至，还能在他们宿舍的窗台上发现一两只造型别致的烟灰缸！

大学烟民有多少，这个数字恐怕难以统计。有关人员挑选了××大学医学院、××建工学院、××体育学院三所大学的三个学生宿舍分别进行了调查。结果发现，宿舍的8个学生中，抽烟上瘾的、抽“耍烟”的和从来不抽烟的，平均比例接近2∶2∶4。

在枯燥的数字之外，在××建工学院校园里的一所商店，一个职员的说法来得更直接：“来买烟的，既有老师又有学生。从我接触的情况看，大概有一半的学生抽烟。”这些数字和说法虽然不一定全面，但大学生中吸烟一族人数之多，可见一斑。

2. 诱惑来自环境和氛围

一名“烟龄”不到半年的大学生说：“我是专升本的，今年6月送毕业生的时候开始吸烟。临毕业，大家常常一起喝酒，情绪不稳定，很容易就‘上手’了，有一个抽烟的就都抽上了。”

而一名大学足球队员认为，他吸烟是因为“场合”多。他所说的场合，无外乎两种情形：踢球的朋友扎堆玩和老同学聚会。他还说，毕业后，有些“场合”可能也需要递个烟表示友好。

一两个人开始吸烟，接着就会“传染”整个宿舍。一名大学生说：“我们刚入校的时候，大家对抽烟的同学都挺反感，觉得烟味呛得慌，但后来适应了，自己抽两口，觉得也没什么要紧，一点点就失去自制力。”

一些大学生反映，他们的情绪变动比较大，高兴的时候和忧愁的时候，就有可能向香烟寻求慰藉。例知，就业的压力越来越大，找不到好工作，就容易抽烟消愁；和志趣相投的同学在一起，有可能点燃香烟，分享快乐。原本不吸烟的同学有可能因此加入“烟民”的行列。

3. 大学教会了抽烟？

据调查，大学生烟民中，有近70%是进入大学后接受“熏陶”开始抽烟的。一名大学生说出了他吸烟的过程。

“大概是上小学的时候，有同学搞到了一盒烟，很好奇，就躲到我家阳台上抽抽试试。

我是个‘好’学生，认为这是坏事，不得不替他们望风，我怕父母知道他们在我家吸烟，揍我。”

“上中学、上高中，都是学习不好的学生才抽烟的。他们叼着烟装酷，觉得自己很成熟。有时候，一些学生好像烟瘾很大的样子，躲在学校的厕所里抽烟，我很不屑。我家里没人抽烟，家人从小教育我说，抽烟有害健康。我一股劲地学习，考大学。那时候，我的‘免疫力’还是很强的。”

“没想到，上了大学抽上了。才上大一的时候，有个同学家里是搞商场的，经常烟不离手，宿舍里只有他一个人抽烟，他就分几支，让别人抽着玩。”

“后来，我们的团支书也跟着抽上了。那时候，他在竞选院学生会的干部，好像压力挺大。我们一看，嗬，他都抽上了，我们就动心了，也开始抽了。烟民一下子发展到了四个，我是其中之一。但仍有不抽的，起码有两个同学从来不动香烟，有点打死也不抽的架势，我们说他们是‘顽固分子’。”

“现在，快毕业了，我常常想，大学的环境是不是太宽松了——零花钱多了，家长、老师管得少了，学业轻了，各种诱惑都来了，给‘烟民’留下了滋生的空间。从这个角度来说，是大学教会了很多人抽烟。”

4．学校管理是紧还是松？

“据你所知，学校里有没有规定说不准抽烟？你的同学有没有因为抽烟而影响‘进步’的？”

面对这个简单的问题，大学生们表现得有些茫然。他们说：“应该有吧，不然为什么大家都躲起来抽呢？总之抽烟不是件好事。”

在原国家教委制定的《高等学校学生行为准则（试行）》中，关于“禁烟”的表述有个模棱两可的说法——第 12 条规定说“不在禁烟区吸烟”。而更细致一些的《高等学校学生管理规定》里面，对“禁烟”没有任何说法，只是在第 14 条里说，禁止师生员工赌博、酗酒、打架斗殴等活动。

有关人员采访了几所大学后发现，在涉及大学生“前程”的综合测评、奖学金评定办法、优秀班干部评选办法等方面，对抽烟也没有具体的规定。

那么，高校管理中，为什么会出现这一空白？××大学学生处有关人士介绍说，学生公寓管理处对禁烟是有规定的，那是出于安全的考虑，以免引发火灾。大学生对禁烟的执行情况，会间接地影响到他们的“进步”。

从维护大学生身心健康以及勤俭节约的角度来看，禁烟是有“说法”的。据了解，吸烟者约有 70%是从青少年开始的，吸烟越早，戒除的可能性就越小。显然，大学生是吸烟青少年里的危险人群。

另外，烟中含尼古丁，会引起小动脉收缩，是高血压的发病因素；烟中含一氧化碳，会损害动脉内膜细胞，诱发动脉粥样硬化，增加血液黏稠度和凝血倾向，是冠心病、心肌梗塞、脑梗塞、脑出血的病因。吸烟人必有慢性气管炎，到中老年发生肺心病，又是肺癌的主要病因。

让尼古丁从校园走开，对于正接受高等教育的大学生来说，是应该而且必须做到的！

遵纪守法知识

1. 吸烟对身体健康有何危害?

吸烟是一种不文明、不道德、不光彩的行为。吸烟会危害人体健康。香烟燃烧后会产生丙酮、一氧化碳、尼古丁、焦油等20多种有害致癌毒物。这些物质对人体健康的侵害,几乎是无孔不入的,几乎侵害人的所有器官,使人罹患各类癌症。现在世界上,每一分钟就有贵6人死于吸烟,每年约有300万人因吸烟而死亡。目前,我国已有烟民3亿人,70%的吸烟人是从青年开始的。因此,中国医科院肿瘤所、世界卫生组织肿瘤所及英国皇家肿瘤协会郑重指出:"21世纪危害中国人健康的第一大敌,就是吸烟!"

"吸烟有害于人体健康"这是众所周知的。在美国,人们把吸烟称为"鼠疫"。世界卫生组织第四次国际会议曾公布:"在吸烟较为普遍的国家中,大约有1/4的癌症是由吸烟引起的;在65岁以下的死亡人中,死于肺癌的,吸烟者竟达90%;死于支气管炎者,吸烟者占75 %;死于心肌梗塞者,吸烟者占20 %。"

(1)吸烟容易致癌。烟草中含有很多有害物质,如尼古丁、煤焦油、一氧化碳、二甲基亚硝胺、硫氰酸盐等,吸烟时这些有害物质会作用于人体器官,引起多种疾病,甚至导致多种癌症的发生。研究者还发现,每天吸烟20支以上者,患肺癌的可能性是不吸烟者的15.9~43.7倍;患咽癌的可能性为不吸烟者的12倍;患食道癌的可能性为不吸烟者的5倍。因此,国际防癌专家认为,每吸一支烟,可缩短人的寿命6分钟。由此可见,"吸烟等于慢性自杀"的说法,是有一定的科学依据的。

(2)吸烟容易导致冠心病。国外已将吸烟、高血压、高血脂列为引起冠心病的三大"危险因素"。被确诊为冠心病或有隐性冠心病的病人,大量吸烟后会突然死亡,"杀人凶手"是尼古丁。因为尼古丁会使血管痉挛,心跳加快,血压升高,每一次心跳排出的血液量减少,并使心脏神经传导功能失常。尼古丁还会使胆固醇升高,使血管壁通透性发生变化,使胆固醇沉积在动脉壁上,造成动脉硬化。吸烟会使动脉管中的一氧化碳含量增加,氧含量下降,导致身体组织缺氧,加重心脏负担。如果供应心脏血液的冠状动脉发生血管痉挛和动脉硬化,心脏本身得不到充分"能源"供应,就会发生心绞痛和心肌梗塞。有证据证明,每天吸烟20支发生冠心病的危险,与胆固醇增加400毫克或血压的收缩压升到250毫米汞柱的情况相当。吸烟能使冠心病的发病率增加2~3倍。

(3)吸烟能引起呼吸道疾病。烟草中的大量有害物质,刺激和损伤呼吸道,使呼吸道上皮的纤毛退化萎缩,分泌细胞不能分泌黏液,巨噬细胞失去活性,使呼吸道防御功能遭到破坏,病毒、细菌和有害物质乘虚而入,加上排不出的痰是病毒、细菌的高蛋白饮食,损伤的上皮是病毒、细菌寄生的好环境,它们就会在这里"安家落户",进行繁殖,使人很容易发生感冒、气管炎这类呼吸道疾病。调查证明,吸烟的时间越长,吸烟量越大,得病的可能性越大。

(4)吸烟能引起高血压。因为吸入的尼古丁会引起血管痉挛,使血液变得黏稠,流动的阻力增加,久而久之便会诱发高血压;吸烟能使血中肾上腺素含量升高,使血压上升,心跳加快,这是高血压发生的又一原因;吸烟还会造成动脉硬化,因为香烟中异性蛋白的刺激，引起动脉的过敏反应，使血管弹性下降。所有这些因素使循环系统的发病率上升3倍。

2. 吸烟对心理健康有何危害？

吸烟对人的心理健康是有百害而无一利的。长期吸烟在一定程度上影响人的注意稳定性，降低人的智力水平、学习效率与工作效率，特别是对青少年危害更大。有人对青年学生进行过实验，对吸烟者与不吸烟者的智力情况进行了比较，结果表明，吸烟者的联想、记忆、想象、计算、辨认力等智力效能降低了10%。有人以学生成绩为指标进行研究，结果发现，吸烟学生的成绩比不吸烟学生的成绩差，不及格的学生中吸烟者比不吸烟者的比例大些。有的实验还证明，吸烟者与不吸烟者在学习同一种材料时，前者的学习效率远远低于后者；且吸烟的支数越多，学习效率降低得越明显。据此，那种认为吸烟能够促进记忆、唤起灵感、提神解乏的说法是缺少科学依据的。

此外，吸烟还会对大中专院校学生良好的性格和道德品质的形成产生不利影响。吸烟是一种消费，而学生在经济上既没有独立性，又没有固定收入。所以，有的就从家中偷拿香烟，有的用本该用来买学习用品的钱买香烟。一个人的钱不够，就几个人凑钱买一包烟；更有甚者，没钱买烟就从家长那里偷或干脆小偷小摸，向同学敲诈。吸烟这种不良的生活习惯，成为某些学生产生不良道德行为的直接原因。由此看来，吸烟对学生的健康成长非常有害。

3. 吸烟对公众和家人有何危害？

吸烟已被越来越多的人认为是不文明行为，不仅危害本人健康，也会造成“公害”。在家庭和公共场所吸烟，污染空气，污染环境，使不吸烟的人受到烟的危害。人在烟雾中待上一小时，等于吸了3支烟；家庭中父母吸烟，对孩子的影响，几乎与孩子自己一天吸3～5支烟的危害相同。被动吸烟同样会使人体质下降，造成失眠，健康受损，疾病增加，寿命缩短。吸烟还容易引起火灾，给人们生活增加不安定的因素。

4. 影响学生学习吸烟的因素有哪些？

吸烟对青少年有百害而无一利。学生吸烟已成为一个不可忽视的社会问题。据北京市区、郊区的调查表明：市区高中男生吸烟率为25.6%，初中男生为20.8%，其中有60.2%的学生在12岁以前就开始吸烟。对浙江省某市5所职业学校3800名大中专院校学生的调查显示：总吸烟率为21.2%，男生吸烟率为36.7%，女生为6.8%。青少年的吸烟率平均约20%。也就是说，五个青少年中就有一人在吸烟。对此，有识之士大声疾呼：全社会都应关注青少年吸烟问题，大中专院校学生必须禁止吸烟！

吸烟是一个社会问题，学生吸烟是在多种社会心理因素影响下逐渐学会的，其中与其某些心理特点有直接关系。

（1）内因——吸烟者心理分析。

① 好奇心理。好奇心是人们需要的一种表现形态，是一种带有情绪色彩的认知倾向。遇事喜欢探索，越新鲜的事越想亲自尝试一下——这种强烈的好奇心，是学生的突出特点。许多人明知吸烟有害，还是学会了吸烟，开始出于好奇心理，想尝试一下吸烟到底是什么滋味。天津曾对大学生吸烟进行过调查，结果表明，吸烟者中有 26.1%最初是因为好奇而

吸烟的。

② 从众心理。有些大中专院校学生是由于“随大流”的心理误导而吸烟的。有的认为，大家抽我不抽，显得自己小气，这是一种从众心理的表现。从众是在任何有人群的地方普遍存在的心理现象，从语言、态度到行为，都有从众的表现。学生在成长过程中，容易形成某些小团体，为了寻求“哥们”间的行动一致，有的是自己主动吸烟，有的是在团体压力下开始吸烟。即使不是凝聚力很强的群体，也会发生与某些人寻求一致的从众现象。

③ 模仿心理。在烟民无处不有的环境中，有的学生看到别人吸烟吞进吐出，认为非常潇洒神气，于是刻意模仿。特别是周围的同龄人吸烟，对学生的诱惑力更大。另外，大中专院校学生为了满足自己日益增长的成人感，也往往会模仿成年人的行为方式去吸烟。他们错误地认为吸烟是成熟的标志，为了使自己显得老练、成熟，便机械模仿学会了吸烟。江苏对高中男生的调查显示，由于机械模仿而吸烟者占总调查人数的21.96%。

④ 交往心理。在大中专院校学生吸烟者中，有为数不少的人是为了交际的需要而吸烟的。这一部分人，有的明知吸烟对身体有害，学校不允许，但为了多一些交际手段，便学会了吸烟。这种情况的出现主要是受社会不良风气影响的结果。

⑤ 表现心理。有些学生认为吸烟神气、潇洒、有风度，特别是一部分学业不良的学生，由于平时在学习上不能引起别人的注意和重视，所以就想法在其他方面吸引别人的注意，吸烟便是他们得到心理补偿和表现自己的一种方式。

（2）外因——外部影响因素。

① 受无处不在的烟民的诱惑。出于经济因素的考虑，世界各国都在源源不断地生产香烟，人们在日常交往中，招待烟茶已成为一种社会风气。因此，尽管吸烟有害的宣传不断，可吸烟者还是大量存在。工厂、农村、医院、学校、商场、机关、影院、车厢，到处都有一闪一熄的烟光，一团一缕的烟雾，烟民可谓无处不有。这对于好奇心强、模仿性强的学生来说无疑是一种强烈的刺激和诱惑。

② 对吸烟有害健康认识不够。尽管许多人知道吸烟对身体健康有害，但这种影响不是在短期内显现出来的，于是有人对吸烟持无所谓态度。特别是一些吸烟成瘾的人，对吸烟有害的宣传一笑置之，我行我素。有的人虽知道吸烟有害，但看到吸烟的人那么多，也不见得人人生病，便存有侥幸心理。还有的人认为吸烟有害，那是将来的事，眼前先痛快了再说。吸烟无害的种种论调，很大程度上妨碍了人们对吸烟有害的认识，对学生起到了不良影响。

③ 受家庭的影响。人们的一切社会习惯、行为方式、道德规范都是后天取得的经验。在这方面，父母是儿童的第一任老师。一方面，家长的行为对子女各种习惯的形成有重要影响。调查表明：在吸烟家庭中的学生吸烟者，比不吸烟家庭中的学生吸烟者多。这除了家长行为的影响外，烟源的充足与否也是能否形成吸烟习惯的重要因素。另一方面，与家长的教育有直接关系，家教严、教育得法的，学生吸烟者少；家长持无所谓的态度或教育不当，学生吸烟者多。有的家长，在孩子很小的时候，就把烟塞到孩子嘴里逗着玩，当孩子被呛得流泪时，居然哈哈大笑，这无疑对孩子的健康成长不利。

④ 受影视剧中人物形象的不良影响。电影、电视、报刊杂志等大众媒体对于青少年的影响是不可低估的。在大众媒介中，影视镜头和人物描写，不管是正面人物，还是反面形象，只要遇到难题、心情不佳，往往用接二连三地抽烟来烘托。这些人物中不乏伟大人物、

英雄形象，其中许多是学生的崇拜对象。学生对大众媒介中所宣传的人物形象非常注意，也极易激起他们的模仿意向，进而付诸行动。因此，大众媒介的宣传影响对学生习惯的形成，无形中起着一种导向作用。

5. 如何矫治学生吸烟的不良习惯？

吸烟习惯的矫治是一个较为困难的问题，因为吸烟者不单纯是戒除某种不良习惯，而是涉及一系列社会问题。对学生吸烟不良习惯的矫治，可以从以下几方面入手。

（1）充分认识吸烟的危害，激发自己产生戒烟的心理需要。吸烟对人的身体健康有很大危害，同时还影响智力活动的效能，影响良好性格与道德品质的形成。因此，首先要使自己从思想上深刻认识吸烟的危害，这是戒除吸烟不良习惯的首要因素。人的行为是由需要引起的，戒烟行为也是由人的戒烟需要而产生的。明确认识到吸烟的危害性，才能产生戒烟的需要，从心底里产生厌恶吸烟情绪，提高戒除吸烟不良习惯的自觉性。

（2）积极参加吸烟有害的宣传活动。吸烟是一种长时间形成的社会习惯，有着顽固的社会根源。要矫治自己的吸烟习惯，最好的方法之一就是自己积极参与吸烟有害的宣传活动，劝父母、亲朋好友戒烟，这样对自己也会产生压力，从而产生坚决戒掉抽烟的决心和信心。我国《未成年人保护法》中规定青少年学生不许抽烟，《中小学学生行为规范》中也明文规定不许吸烟。因此，建立无烟学校，每位学生都有责任。如果学生之间能互相监督，教师、家长能给学生做表率，戒掉不良的吸烟习惯，就显得容易了。

（3）纠正自己认识上的偏差。吸烟在很大程度上与同年龄段的青少年认识上的偏颇有一定关系。如前面说过的认为吸烟好玩、神气，是成熟的标志，表现男子汉的气派、风度，以及能够提神解闷等，这都是认识上的偏差。针对这些情况，自己要提高知识修养水平，学会分析问题，进行自我教育、自我启发、自我提高，学会分清是非，辨别美丑，认清吸烟的危害，从自身产生戒烟的需要。

（4）采用某些戒烟方法。戒烟的方法很多，其中厌恶疗法就是比较有效的一种心理疗法。所谓厌恶疗法，就是采用心理暗示对吸烟产生厌恶情绪。也可以请针灸师用针刺合谷、迎香、攒竹等穴位，之后再吸烟，便会产生头晕、恶心等反应，由于对吸烟产生厌恶情绪而不愿再吸。

此外，还有一种方法叫“社会影响干预”，即利用观察模仿和态度改变原理，将自己置于不吸烟的集体舆论的约束下，通过群体压力的积极作用，矫正吸烟的不良习惯。追踪观察表明，这种干预方法不仅对矫正吸烟者的行为长期有效，而且还可以对其他人起积极的预防作用，可以防止不吸烟者形成吸烟的不良习惯。

需要说明的是，为了明天，学生们要自觉打败“第一大敌”，不因好奇、好强而吸一口烟；戒烟的关键在意志，自己要认清是非，拿准主意，有决心，有恒心，不受人诱惑；在家里，应劝家庭吸烟者少抽或不抽烟。

另外，可以采取著名医学家吴英恺教授提出的学校戒烟三法：一是要管严小孩和中学生吸烟；二是教师也不得在学生面前吸烟；三是领导要公开讲和管。

6. 过量饮酒有哪些危害？

逢年过节、举家团聚、走亲访友、同学聚会都免不了喝酒。酒是节日和待客餐桌上不可缺少的饮品。但饮酒过量或成癖，对身心则有严重危害。正如李时珍的《本草纲目》所说：“过饮则伤神耗血，损胃烁精，动火生痰，发怒助欲，致生温热诸病。”

概括而言，过量饮酒的危害，主要有以下几个方面。

（1）对身体健康的危害。酒的主要成分是乙醇，它是亲神经物质。过量饮酒可造成酒精中毒，产生脑的功能性和器质性变化。一次大量饮酒，可能发生急性酒精中毒，引起头痛、恶心、呕吐、心率加快、血压降低、皮肤血管扩张、面部充血、眩晕、瞳孔反应暂时缓慢等。严重者呼吸缓慢、脉搏快而微弱、面色苍白、体温下降，出现昏睡、昏迷状态，甚至使延髓呼吸中枢麻痹而导致死亡。

长期饮酒造成的慢性酒清中毒，使躯体及神经系统都有许多改变。长期饮酒者以酒代饭，可导致营养不良和维生素缺乏、慢性胃炎、肝功能减弱，并影响心血管系统的功能。长期饮酒可出现各种内脏器官病变和代谢障碍，以及神经系统症状，如手抖、舌颤、多发性神经炎、肌萎缩、瞳孔变化、头晕、头痛、耳鸣、共济失调等。各种各样的心理和身体并发症也与慢性酒精中毒有关，包括青年期不很明显的肝硬化。饮酒可对不少药物效能产生影响，轻则降低药物疗效，重则损害人体脏器，甚至导致死亡。

（2）对心理健康的危害。饮酒对人心理健康也有危害。酒精对人的眼、耳、鼻、舌等感觉器官可产生不同程度的影响，使感觉迟钝。酒精中毒能使视力减退，观察力减弱，听觉灵敏度下降。在运动方面可使人的动作不稳，灵活性降低，运动速度和力量减弱，呼吸产生困难，影响人的运动成绩。酒精中毒可使人的注意力不能集中，注意的稳定性、紧张度、分配能力、转移能力降低，影响人的工作效率。饮酒还会使记忆力、思维能力下降，对事物的分析、判断能力减弱，智能衰退，重者甚至会出现妄想、幻觉，诱发人格改变、心理扭曲和反常行为的发生。

（3）对社会的危害。醉酒后常常出现一些很不文明的表现，如情绪冲动、话语不休、语无伦次、口齿不清、狂呼乱叫、动作笨拙、东倒西歪、跌跌撞撞、手舞足蹈、随地呕吐、酒气熏天，既有害于自己，也使周围人厌恶。酗酒者还经常出现破坏行为、暴力行为和不道德行为，如打架斗殴、酒后驾车出车祸等，给个人、家庭和社会带来痛苦和悲惨的后果。

（4）荒废学业。醉酒的程度同智力恢复所需的时间大致成正比，一个经常醉酒的人其工作和学习的损失是巨大的。

7. 学生酗酒的心理是什么？

学生饮酒除节日、家宴外，常常出现在朋友聚会中，而后者往往又是酗酒易发生的场合。大中专院校学生醉酒的心理有以下几种。

（1）好胜心理。年轻人欢聚一堂，开怀畅饮，高谈阔论，往往兴奋过度。学生们都血气方刚，不肯服输。在饮酒过程中，打赌比赛，猜拳行令。认为谁的酒量大，谁就是英雄；谁喝得多，喝得快，谁就实在、豪爽、够哥们儿；谁不喝，谁少喝，谁就是耍心眼，就是奸滑、不够义气，就会被其他人瞧不起。在这种心态下，一端酒杯，就逞能求胜，不甘落后，最后喝得烂醉如泥，丑态百出。

（2）交往心理。受社会上吃喝风的不良影响，有的人也常利用喝酒来联络感情。认为与人形成知己，酒是最好的媒介，不喝酒，不能显出为人热情；不举杯，不易说出知心话。同学之间关系不错去喝酒，有事相求去喝酒，事后答谢也要喝酒。在酒桌上，为了表示自己的诚意、谢意，宁可醉倒也要“舍命陪君子”。有的学生通过饮酒来维持伙伴之间的关系，在伙伴之间，你请我一顿，我还你一桌，礼尚往来，才觉得够朋友，否则怕别人说自己不讲义气。

（3）痛苦心理。有一部分人由于心中不痛快，常借酒消愁，以发泄心中的郁闷。有的因学业不良，专业技能没学好，考试不理想；有的因与老师发生矛盾，或同学间出现摩擦；还有的因家中父母吵架，发生不幸等。当种种烦恼不快之事无法解脱时，便借杯中之物来消胸中郁闷。

（4）其他心理。有一部分大中专院校学生对学习失去兴趣，百无聊赖，精神空虚，把抽烟喝酒当做人生乐趣，为追求某种刺激而沉溺于烟酒之中。殊不知，在这种心理状态下吸烟喝酒往往是走向犯罪的前奏。

8. 如何矫正学生酗酒？

大中专院校学生正处在青春发育期，在此阶段身体各系统、各器官还未成熟，比较娇嫩，对有害物质比成年人更容易吸收，且排除较慢。酗酒能给人带来多种危害，对成长中的大中专院校学生危害更大，因此应坚决根除这一不良习惯。

根除的关键在于提高自己对过量饮酒的危害的认识。为此，学校要把禁止学生饮酒当做思想品德教育的一项重要内容来抓，学生自己要自觉地服从学校的管理，提高自己的修养水平和自我控制能力，养成滴酒不沾的良好习惯。要形成一种“饮酒是不良习惯”的集体舆论，杜绝同学之间你请我让的饮酒风气，让饮酒行为没有市场。

除此之外，采用矫正吸烟习惯所使用的心理疗法，矫正饮酒习惯也很奏效。

9. 引起学生酗酒的糊涂观念和错误做法有哪些？

（1）“今朝有酒今朝醉”，“借酒消愁”。这里表现的实质，是逃避现实、自暴自弃的消极情绪。

（2）自命风流高雅，试图借酒引发冲动，产生某种“灵感”。

（3）片面理解“酒逢知己千杯少”，因为交朋友高兴而饮酒作乐。

（4）错误地认为“男子汉天生应当会喝酒”。

（5）硬着头皮充好汉，在酒桌上，“舍命陪君子”，“为知己即使是滴滴畏也喝下去”，“一醉方休”。

（6）故意饮酒滋事、耍酒疯，出于报复和宣泄的目的。

（7）逢场作戏，为“助兴”而即席端杯，或出于好奇而涉足。

（8）为达到预定目的而特地设酒摆宴，饮酒为名，交易是实。

10. 为什么不能随便拨打“110”或“119”电话？

公安机关“110”和“119”报警服务台，是为了人民群众遭受不法侵害或遇到紧急情况需要求助时而设置的应急电话。它的宗旨是 “有警必接、有险必救、有难必帮、有求必应”。

只要接到群众报警电话，出警人员就要及时赶赴现场，捉拿犯罪嫌疑人，控制事态发展，为人民群众解除困难。可以说，目前“110”或“119”电话几乎已成了人民群众的“生命线”。如果随便拨打“110”或“119”电话，就会扰乱公安人员的正常工作秩序，耽误时机，放跑坏人，给人民群众带来不必要的损失。因此，“110”或“119”等特殊用途电话，决不能随使胡乱拨打。

11. 怎样正确处理同学之间的矛盾？

矛盾在人们的生活中是难免的，关键是要处理好。处理得好，人与人之间的关系可能会更加密切；处理得不好，有时可能会造成严重后果。所以，学生应尽力防止矛盾恶化，避免“一失足成千古恨”。

当同学之间存在分歧甚至矛盾时，要尽量做到以下几点。

（1）冷静克制，切莫莽撞。无论争执由哪一方引起，都要保持冷静态度，决不可情绪激动。这就要求双方虚怀若谷，学会宽容。

（2）诚实谦虚是增进友谊的基础，也是消除矛盾或隔阂的灵丹妙药。只有认真听取他人的善意劝解，进行认真的自我批评，宽容他人的过失，才能处理好同学间的关系。

（3）注意语言美。一是说话要客气，以理服人，不强词夺理，不恶语伤人；二是说话要文雅，谈吐雅致，不说粗话、脏话；三是说话要谦虚，尊重他人，不说大话，不盛气凌人。

12. 发生意外事件为什么要及时报告教师、家长或公安部门？

（1）学生如遇到不法侵害，应及时告知给教师、家长，不要寄托于“私了”上。只有伸张正义，依法治理，才是解决问题的根本。

（2）在校如遇到意外，应及时告知教师、家长。要借学校的力量妥善解决。不可自行了断，也不可隐匿不报，那样会助长坏人的气焰。

（3）在社会上如遇到不法侵害，应及时报警，不要因坏人的恐吓而忍气吞声，要借助社会治安的强有力网络，及时遏制坏人的为非作歹。

13. 怎样防止学生之间“私设公堂”和残害他人现象的发生？

（1）学校应加强对后进生的管理和教育，增强学生及家长的法制观念，经常对学生进行知法、守法教育。

（2）消除家庭对孩子的恶劣影响，教育学生不可感情用事。

（3）学校和教师要细心研究一些品行有缺陷的学生的思想动态，认真做好这些学生的转化工作。

（4）努力优化育人环境，使每个学生都能知法、守法，都能懂得如何保护自己，危急危难时刻要想办法呼救，及时挣脱魔爪，不要因受到恐吓而束手待毙。

14. 涉足淫秽物品有何危害？

淫秽物品，是指具体描写性行为或者露骨地宣扬色情的诲淫性的书刊、影片、录像带、录音带、图片等物品，它是资产阶级腐朽没落的思想产品，对于缺乏判断能力、身体正处在青春发育期的学生所造成的危害更为严重。

（1）腐蚀学生纯洁的心灵，若不知深浅涉足淫秽物品，则会使他们精神萎靡，走上歧途。

（2）成为精神鸦片，危害学生的身心健康。这种“黄色瘟疫”使缺乏判断分析能力的学生盲目模仿、效法，造成早恋、婚前性行为、未婚先孕，甚至会引起性病传播。

（3）导致青少年堕落，引发犯罪。淫秽物品宣扬资产阶级腐朽的道德观念，会促使青少年走上犯罪道路，如强奸、卖淫等。

因此，对于淫秽物品，要坚决做到不看、不传，更不能走私、制作和贩卖，要洁身自爱，读好书，结好友，参加有益的、健康向上的文娱活动，做一个“四有新人”。

15. 怎样防止学生感染电脑“黄毒”？

（1）要加强教育和引导。家长、学校要把“黄毒”的危害性经常对学生进行宣传教育，要教育和引导学生树立正确的人生观和价值观，使其自觉提高思想认识，不接触“黄毒”，远离“黄源”。

（2）要及时设置计算机启动和上网口令，学生应在家长或老师的督控下进行上网操作。

（3）利用“文档”记录，经常检查学生的电脑操作内容。对一些不健康的文件和网址，应及时删除。一旦发现学生观看不健康的内容，要及时进行批评、教育。

（4）不准学生到校外“网吧”自由上网。

16. 学生参与赌博有何危害？

赌博是一种丑恶的社会现象，是利用赌具，以钱财作赌注，以占有他人利益为目的的违法犯罪行为。学生一旦参与赌博，其危害将是多方面的。

（1）荒废学业。

（2）违反校纪校规。参与赌博很容易上瘾，既花费精力又浪费时间，从而不可能遵守学校正常的作息制度，不可避免地要违反校纪。

（3）破坏同学关系，影响正常秩序。赌博是群体性违法犯罪活动，直接牵涉人际关系。由此，同学之间的互助、友爱之情往往会被利害关系所替代。

（4）容易走上违法犯罪之路。有关部门统计资料表明，学生中因赌博被学校给予开除学籍、留校察看之事时有发生，而因赌博走上犯罪道路的现象屡见不鲜。

17. 如何抵制和拒绝参与赌博？

欲抵制和拒绝参与赌博，必须做到如下几点。

（1）违法往往从违纪开始，要自觉遵守校纪校规，养成遵纪守法的良好习惯。

（2）充分认识赌博的危害，培养高尚的情操，多参加健康积极的文体活动，充实自己的业余生活。

（3）要防微杜渐，分清娱乐和赌博的界限。

（4）思想上要警惕，不要因为顾及朋友、同学的情面而参与赌博。

（5）要从根本上关心同学，制止他人参与赌博，必要时要向老师或学校有关部门报告。

18. 怎样预防毒品的侵袭？

毒品，是指鸦片、海洛因、吗啡、大麻、可卡因，以及国家规定管制的其他能够使人形成瘾癖的麻醉药品和精神药品。目前，吸毒、贩毒已成为全球性的社会公害，每个学生都不可染之。吸食毒品严重危害人体健康，摧残意志和精神，荒废学业，诱发犯罪，危害社会。因此，要严厉打击毒品违法犯罪活动，积极、严格地预防毒品的侵袭。

（1）充分认识毒品违法犯罪活动的危害性，加强自身的学习和修养，培养高尚的情操和道德观念。

（2）积极参加文体活动，增强集体观念，培养广泛的兴趣和爱好，避免孤僻的生活方式。

（3）提高对毒品的防御能力，不要结交有吸毒恶习的朋友或听信他们的谗言。

（4）决不可因好奇而品尝毒品，防止上瘾而难以自拔。

（5）一旦沾染毒品，要主动向老师和学校报告。

19．怎样防止购赃物？

赃物是违法犯罪分子的非法所得，往往通过一些不法商贩或以私人转卖的形式低价出售。如果购了赃物，无论有意无意，都是替作案分子销了赃，因此就可能受到法律追究。

防止购赃物需要注意以下几点。

（1）要防止购赃物，关键是要弄清物品的来历，如查对发票、生产许可证、厂家证明等。

（2）自行车一类的交通工具，要看有无车牌号、执照，证号是否相符，从车锁等处看有无撬压痕迹等。

（3）如属转卖物品，首先要弄清转卖人或介绍人的身份。

20．有人邀自己做不利于学校稳定的事时怎么办？

学校的稳定是学生正常学习的前提，当有人邀自己做一些妨害学校稳定的事时，应当自觉地进行抵制。

（1）应判别是非曲直。

（2）遇事要冷静、理智。要帮助同学或朋友权衡利害，提出忠告。一方面劝阻他们的过火举动；一方面帮助他们出主意，想办法，通过正常途径解决。

（3）为了避免矛盾激化，应着眼大局，主动向有关校领导反映情况。

（4）若是少数别有用心的人进行恶意煽动，想闹事，破坏学校稳定，要敢于与之作斗争。

21．为什么同学之间不得“私设公堂”和“自行搜查”？

教室、宿舍是学生学习、生活和休息的场所，一般情况下，学习、生活、娱乐用品及生活费等大都存在这些地方。当发现自己的钱、物被人偷走时，气愤之余必然要做一番分析，周围的人也可能成为自己怀疑的对象。遇到这种情况，千万不可感情用事。如果处理问题的方法不当，简单生硬，不仅影响团结，造成同学之间关系紧张，而且可能侵犯人权，酿成大祸。

遇到这种情况，妥当的处理方法如下。

（1）分清盗窃与贪图小利、小偷小摸的界限。若被盗物品价值较高，现金数额较大，符合公安机关立案标准，可一边向老师和有关领导反映，一边直接向公安保卫部门报案。若损失价值不大，明显是贪小便宜，可通过班主任或有关领导来解决。

（2）对怀疑的人要客观分析，不可因平时某同学在这方面犯过错误，有过劣迹，就妄加判断。若确实发现一些迹象，应实事求是地向老师或有关领导汇报。

思考与讨论

1．为什么要遵纪守法？

2．本章中的几个案例，对你有何教育和警示作用？

3．本章所介绍的遵纪守法知识，你是否已经全面认识、理解和掌握？

4．你以前是否真正做到了遵纪守法？

5．你在将来的学习、生活和工作中，应当怎样遵纪守法？

6．除了本章介绍的遵纪守法知识外，你认为青年学生还应当注意哪些遵纪守法问题？

7．通过对本章内容的学习，你对遵纪守法问题有何重要认识、体会和感想？

8．请结合实际深入讨论青年学生遵纪守法的重要性、必要性和紧迫性。

9．请以小组、寝室或班级为单位，组织一些关于遵纪守法方面的知识竞赛活动、文艺宣传活动或其他宣传活动。

反侵权盗版声明